Michael Karl Heidemann
Thomas Kleinheinrich
Michael Lischka
Eugen Unger

VOM MUT NEU ZU DENKEN

20 Denkanstöße für Führungskräfte und Entscheider

Frankfurter Allgemeine Buch

Frankfurter Allgemeine Buch, Frankenallee 71 – 81,
60327 Frankfurt am Main

Umschlag: Zarka Ghaffar
Gestaltung und Satz: Kerim Demir
Illustrationen: Enis Aksoy/Getty Images
Druck: CPI books GmbH, Leck
Printed in Germany

1. Auflage, Frankfurt am Main 2020
ISBN 978-3-96251-080-0

Inhalt

Einführung 4

01 Der Preis der Macht 12

02 Ich will so bleiben, wie ich bin 20

03 Was Angst macht 30

04 Neuronale Chancen 42

05 Wir sind nicht zum Vergnügen hier! 56

06 Steve Jobs Unternehmer 66

07 Vom Dienen 80

08 Innovation matters! 90

09 Nach fest kommt ab – Effizienz und ihre Folgen 106

10 Sandwichpositionen 116

11 Eignung und Neigung 126

12 Kapitulation vor dem eigenen Team 136

13 Resilienz nicht nur für mich! 148

14 Die Mechanik des Vertrauens 158

15 The Fast and the Furious 168

16 Verhandeln im Gleichgewicht 180

17 gleich|zei|tig 190

18 Generation Why 200

19 Führung braucht Ethik 218

20 Üben muss der Meister 230

Literatur 238

Die Autoren 240

KULTUR • REFLEXION • ORIENTIERUNG

Einführung

Jedes Unternehmen ist anders. Jedes Unternehmen hat seine eigene Geschichte. Doch irgendetwas sagt uns, dass sich alle Unternehmen auch gleichen. Zum Beispiel in der Leidenschaft für Regeln und Vorschriften. Oder der Lust an bürokratischen Prozessen, die mit Hingabe gepflegt werden. Oder in der Liebe zu hierarchischen Strukturen, durch die Menschen endlich Bedeutung bekommen und manchmal mehr Einfluss, als ihrer Umgebung guttut. Bei Licht besehen wirken Bürokratie und Hierarchie wie Fossilien aus längst vergangenen Zeiten. Und man fragt sich, wieso es sie immer noch gibt. Vor allem, weil wir alle wissen, dass sie keine guten Bedingungen für die Entwicklung zukunftsweisender Qualitäten wie Anpassungsfähigkeit und Innovationskraft schaffen. Statt Ideenreichtum zu fördern, begünstigen sie eine ungesunde Normierung von Prozessen, Strukturen – und, was schlimmer ist, Denkweisen.

Der mehr oder weniger subtile Druck, gefälligst auf ausgetretenen Pfaden zu bleiben, fällt Menschen, die neu in ein Unternehmen eintreten, meist nicht sofort auf. Für sie findet ja alles zum ersten Mal statt. Das ist aufregend. Aber dann kommt ein zweites und drittes Mal – und schon wird Routine daraus. Wenn sie sich wenig später an die herrschenden Umstände gewöhnt haben, ist es bereits zu spät. Nahezu unmerklich sind sie formatiert worden. Das beginnt mit dem Erlernen der vorherrschenden Sprache, geht zügig in die Nachahmung bewährter Handlungsmuster über und endet mit der Adaption konservierter Denkmuster. Wer diesen Prozess überlebt, gehört dazu. Was auf den ersten Blick ein notwendiger Anpassungsprozess zu sein scheint, erweist sich auf den zweiten Blick als schweres Handicap für die Entwicklung von Neugier, Kreativität, Flexibilität, Resilienz und Varianz. Werden unterschiedliche Begabungen und Fähigkeiten durch An- oder vielmehr Einpassungsprozesse nivelliert, so wird aus potenzieller Vielfalt reale Einfalt.

Die Frage nach den Ursachen dieser Entwicklung führt direkt zu den verantwortlichen Führungskräften, zu ihrem Selbstverständnis und letztlich zu ihrem Menschenbild. Glänzend eingeübt ist in Deutschland ein Führungsverständnis, das sein Selbstbewusstsein aus fachlicher Kompetenz ableitet. Vor allem in technischen Bereichen fühlt man sich durch ein Amalgam aus traditionellem Ingenieurs-Stolz, latentem Überlegenheitsgefühl und einem Mindestmaß an kultureller Ortskenntnis für jede Position gewappnet und für jede Verantwortung geeignet.

Haben sie erstmal eine Position erklommen, so neigen aber nicht nur technische Führungskräfte dazu, ihre vermeintliche fachliche Überlegenheit als Weisungsbefugnis und diese als Weisungspflicht zu verstehen. Als Folge davon wimmelt es in unseren Unternehmen von Vorgesetzten. Echte Führungskräfte sind selten wie echtes Edelweiß. Echte Führungskräfte begreifen ihren Führungsauftrag nicht als fachliche, sondern als soziale, kulturelle und vor allem persönliche Herausforderung. Sie sehen ihre Aufgabe nicht darin, andere durch detaillierte Vorgaben lustvoll zu entmündigen, sondern darin, Räume zu öffnen, Chancen zu erkennen, Hindernisse zu beseitigen und, wenn es darauf ankommt, den Fähigkeiten ihres Teams über die eigene

Schmerzgrenze hinaus zu vertrauen. Wer ihnen im Alltag begegnet, erlebt „Persönlichkeiten, die artikulationsfähig sind, die sich selbst ein Urteil bilden können, die Ich-Stärke haben und sich auf verschiedene kulturelle Situationen einstellen können."* Mit diesen Worten hat der Philosoph Julian Nida-Rümelin uns ein Anforderungsprofil geschenkt, dass Sie eins zu eins in Ihre Stellenanzeigen für Führungspositionen übernehmen könnten. Wer sich traut, darauf beherzt zu antworten und, wie Rupert Lay sagt, auch noch die Begabung mitbringt, Menschen zu mögen, ist auf jeden Fall einen zweiten Blick wert. Denn diese Kandidatin oder dieser Kandidat könnte den Führungsauftrag als lebenslangen Lernprozess begreifen. Was die Fähigkeit voraussetzt, sich selbst in Frage stellen zu können. Was will man mehr?

Ein Chef, der einen Schritt zurücktreten und sein Handeln, ja sogar sein Denken zum Gegenstand eigener Reflexion machen kann, wird sich selbst nicht ohne Hemmungen zum Maßstab für andere erklären. Er wird sich vielmehr der eigenen Grenzen bewusst bleiben. Gute Chefs stellen gelegentlich Fragen wie: „Was mache ich hier eigentlich?" oder: „Werde ich den mir anvertrauten Menschen noch gerecht?" Dafür bleibt Vorgesetzten im oben genannten Sinn natürlich keine Zeit. Sie sind viel zu sehr damit beschäftigt, anderen zu sagen, wo sie langzugehen haben und vor allem auch, wie sie das tun sollen. Sie sehen ihre Mitarbeiterinnen und Mitarbeiter vor allem als Menschen, die angeleitet, kontrolliert und korrigiert werden müssen.

---

*Literaturangaben finden Sie auf S. 238

Dabei hängt die Zukunftsfähigkeit unserer Unternehmen mehr denn je von der Fähigkeit ihrer Führungskräfte ab, Potenziale und Kräfte im Unternehmen zu mobilisieren, mit denen neue Antworten auf neue Fragen gegeben werden können. Aber wie soll das gehen mit Chefs, die ihre eigene Limitierung zur Limitierung des Unternehmens werden lassen? Die Frage, die sich ein Chef heute stellen muss, lautet: Gibt es in meinem Verantwortungsbereich genügend Raum für Gedanken, Ideen und Initiativen, die in meinem eigenen Kopf leider nicht vorkommen?

Eine Unternehmenskultur, in der nicht nur exekutiert, sondern auch reflektiert wird, entsteht erstaunlicherweise nicht von allein. Sie muss gezielt entwickelt werden. Sogar mit Hilfe der Sammelsurien, die man in Unternehmen mit dem Etikett Personalentwicklung veredelt. Wer einen Blick darauf riskiert, findet – ach ja, vor allem eine Menge Fortbildungsmaßnahmen: Kommunikation 1 und 2, Präsentationstechniken, Beurteilungsgespräche führen, Agiles Arbeiten usw. usw. Nun ist es ratsam, sein Handwerk zu beherrschen – aber bevor die Hand tätig wird, sollten vielleicht noch Kopf und Herz zu Rate gezogen werden. Personalentwicklung verdient ihren Namen nur, wenn sie weit mehr ist als eine Vermittlung von Toys and Tools. Es muss auch um Denkansätze, Modelle und Thesen gehen, die man, wie der Erziehungswissenschaftler Andreas Gruschka schreibt, zu eigenen Fähigkeiten und Gewohnheiten in Beziehung setzen kann, so dass es gelingt, „Erfahrungen neu zu bewerten und zu deuten und die gewonnenen Erkenntnisse in das Kontinuum des eigenen Bewusstseins zu integrieren“. Besser kann man nicht auf den Punkt bringen, wie Selbstreflexion geht, oder?

Jedenfalls wollen wir Sie mit unseren Texten anregen, über ein paar Aspekte Ihres (Führungs-)Alltags nachzudenken. Dabei geht es uns weniger darum, kluge Antworten zu geben, als darum, maßgebliche Themen zu identifizieren und Fragen zu stellen. Dieses Buch ist kein Lehrbuch, kein Rezeptbuch und schon gar nicht der Versuch, Führungskräfte in Deutschland mit einer neuen sensationellen Lehre oder Managementmethode zu beglücken. Die Texte sollen helfen, die Qualität der Führung, der man ausgesetzt ist oder die man selbst anderen zumutet, besser würdigen zu können. An ihrem Ende schlagen wir jeweils ein paar Fragen vor, die zum Weiterdenken anregen – und ein paar Hinweise darauf, wie es aus unserer Sicht besser laufen könnte, gibt es hier und da auch …

Wir sind überzeugt, dass Führungskräfte in Zeiten zunehmender Digitalisierung unserer Arbeitswelt mehr denn je eine humane Orientierung brauchen, der sie sich verpflichtet fühlen. Akzeptierte Maßstäbe, die es wahrscheinlicher machen, dass die Qualität der Zusammenarbeit nicht nur von individuellen Vorlieben einer Chefin oder eines Chefs abhängt, sind dafür unverzichtbar. Damit sie Gegenstand des innerbetrieblichen Diskurses werden können, müssen sie verständlich und nachvollziehbar sein. Erst wenn die Menschen im Unternehmen einer gemeinsamen Orientierung mit dem Wissen folgen, sie bewusst gewählt zu haben, kann man von der Bereitschaft sprechen, Verantwortung auch für die Gestaltung der Unternehmenskultur zu übernehmen. Diese Bereitschaft gilt es zu fördern.

Eine anregende Lektüre wünschen Ihnen

Michael Karl Heidemann

Thomas Kleinheinrich

Michael Lischka

Eugen Unger

Der Preis der Macht

Die von vielen sogenannten „weichen Faktoren“ sind in Wirklichkeit harte Faktoren und entscheiden letztlich über den Erfolg des Unternehmens.

AUTORITÄT • DOMINANZ • SELBSTHERRLICHKEIT

Nennen wir ihn einfach Dr. K. Ich bin ihm vor einigen Jahren begegnet. Er beherrschte ein großzügiges Büro und eine Riege von zwanzig Direktoren, die er monatlich zum Rapport einbestellte. Im Organigramm stand unter seinem Namen COO (Chief Operating Officer), und er nahm alle drei Buchstaben ernst, vor allem den letzten. Seine Sprache war autoritär, oft martialisch. Zusammenkünfte unter seiner Leitung begannen in sachlichem Ton und endeten regelmäßig in einem Fiasko. Seiner bedrohlichen Ungeduld, die rasch in detailbesessene Verhöre und dann in erniedrigende Beschimpfungen ausartete, war kaum einer der Direktoren gewachsen. So geriet der monatliche Rapport zu einem Tribunal, das bei den Beteiligten mit der Zeit psychische Blutspuren hinterließ.

„Die wirkliche Erniedrigung“, erzählte einer der Direktoren im vertraulichen Gespräch, „besteht darin, dass ich mich dabei ertappe, auf den Tisch vor mir zu starren, mit einem einzigen Gedanken im Kopf: Hoffentlich komme ich heute nicht dran! Verstehen Sie?“, sagte er. „Ich bin 48 Jahre alt geworden, trage Verantwortung für ein paar Tausend Mitarbeiter und entwickle Empfindungen, von denen ich dachte, ich hätte sie mit 18 hinter mir gelassen.“ Er war deprimiert darüber, dass er sich eingeschüchtert fühlte. War er selbst unfähig, mit dem Führungsstil seines Chefs innerlich angemessen umzugehen, oder war sein Chef schlichtweg unfähig zu führen? Für ihn, der hohe Anforderungen an sich selbst stellte, war das nicht eindeutig. Das Klima in der Führungsmannschaft wurde jedenfalls zunehmend verdruckster. Wer konnte, hielt sich zurück oder möglichst ganz raus und litt still mit denen, die es erwischte. Mitarbeiter, die ihre Angriffsfläche reduzieren wollen, sparen gern an Informationen, vor allem an schlechten. So geriet der COO in einen rasch zunehmenden Nebel, der ihn mit Recht beunruhigte und von Monat zu Monat gereizter werden ließ. Er ahnte, dass es Dinge gab, die man ihm vorenthielt. Nicht, indem man sie rundheraus verschwieg, eher indem er chemisch gereinigte Versionen zu hören bekam. Sie wirkten sauber, aber er spürte, dass der daraus entfernte Unrat noch irgendwo lag.

Vielleicht ist Dr. K. mit seiner extrem autoritär vorgetragenen Dominanz ein Beispiel, das sich mit leichter Hand beiseiteschieben lässt: Wer verhält sich denn schon *so* brutal? „Ich jedenfalls nicht", behaupten fast alle Führungskräfte. Unsere Erfahrungen in zahlreichen Unternehmen zeigen: Die, die sich in ihm wiedererkennen müssten, sind meist nicht dazu in der Lage. Nur wenige bringen einen sozialen Gewaltherrscher in ihrem Selbstbild unter. Und diejenigen, die meinen, niemals laut zu werden, wähnen sich allesamt in sicherem Abstand. Oft zu unrecht. Viele von ihnen würden zu deprimierenden Einsichten kommen, wenn sie die Frage: „Wer redet eigentlich noch offen und unverstellt mit mir?" beantworten müssten – unter Aufbringung eines Mindestmaßes an Aufrichtigkeit, versteht sich.

Macht erzeugt Anpassungsdruck. Mit Macht konfrontiert, lernen wir schnell, was geht und was nicht – und passen uns unversehens an.

Schließlich gilt in fast allen hierarchisch aufgebauten Systemen: Wer Karriere machen will, braucht Unterstützung. Am besten von oben. Da empfiehlt es sich, unter dem prüfenden Blick derjenigen, die über unser Schicksal entscheiden, so zu sprechen und so zu handeln, wie es erwartet wird. Manch einer bringt es in der Kunst des Fassadenbaus zu einschüchternder Perfektion und in der Folge zu einem schnellen Aufstieg und einem runderneuerten Selbstbewusstsein – leider ohne Selbsterkenntnis.

Wen wundert es noch, wenn ausgerechnet diejenigen, die nur dank ihrer exzellenten Anpassungsleistung Karriere machen, das Erreichen einer angestrebten Position als ultimativen Beweis ihrer umfassenden Befähigung werten? Nachhaltig in ihrem Selbstbild stabilisiert, kommen sie ohne großen inneren Aufwand zu der Überzeugung, tatsächlich so zu sein, wie sie es sich selbst (und andere) glauben machen. Von nun an zelebrieren sie das erreichte „Niveau“ als Anspruch an andere. Eine Investition erweist sich als Fehlschlag? Sie wurden nicht umfassend informiert. Ihre Strategie ging nicht auf? Es liegt an der Unfähigkeit ihrer Mitarbeiter, zu begreifen, worum es wirklich geht usw.

Mit der ausdauernd eingeübten Fähigkeit, Signale zu ignorieren, die ihr kostbares Selbstkonstrukt in Frage stellen könnten, schaffen diese Führungskräfte eine Atmosphäre der Unnahbarkeit um sich herum. Nur so fühlen sie sich sicher. Sie haben chronisch recht, sie hören selten zu und sie halten sich für unverzichtbar. Wie wir früher oder später meist in aller Öffentlichkeit nachvollziehen können: Je nach Posi-

Weiche Faktoren
zu unterschätzen,
hat bisweilen **harte**
Konsequenzen

tion und Einfluss können solche Chefs zu einem durchaus limitierenden Faktor für die Existenz des Unternehmens werden.

Was hilft? Wenn wir die Illusion, man könne Menschen ändern, beiseitelassen, bleibt nur die Hoffnung auf Kompensation des destruktiven Einflusses durch andere. Durch Menschen, die einen aufrichtigen Blick in den Spiegel wagen. Vielleicht können Geführte, die keine Vorbilder finden, ja selbst welche sein? Wer in sich einen Maßstab zur kritischen Beurteilung seines Chefs findet, sollte auch in der Lage sein, diesen Maßstab für das eigene Handeln zu nutzen. Der Einfluss von Tyrannen kann letztlich nur durch Menschen eingedämmt werden, die auch unter den Bedingungen der hierarchischen Organisation auf der Fähigkeit zum eigenen Erleben insistieren. Die einen Umgang mit anderen wagen, durch den tatsächliches Leben spürbar wird und nicht nur die Leere hinter der Fassade.

Was Dr. K. angeht, so erzeugte er ein Klima, in dem seine Direct-Reports trotz wortreicher Ausführungen immer verschwiegener wurden. Sie sahen ihren Chef toben und gewöhnten sich daran, innerlich spontan umzudisponieren und unangenehme Nachrichten auf die jeweils nächste Tagesordnung zu verschieben. Das geschah zu oft. Als es unumgänglich wurde, die faulen Äpfel auf den Tisch zu legen, waren es zu viele geworden. Der Verlustnachtrag sprengte alle Grenzen. Die Banken gaben das Unternehmen auf. Heute existiert es nicht mehr. //

+ Anregungen zur Reflexion

Als Chefin oder Chef

Bitte denken Sie an die Menschen in Ihrer unmittelbaren Umgebung:

Wer spricht noch wirklich offen und unverstellt mit Ihnen?

Würden Sie es überhaupt merken, wenn das niemand macht?

Als Mitarbeiterin oder Mitarbeiter

Wie oft verzichten Sie darauf, sich Ihrer Führungskraft gegenüber kritisch zu äußern, weil Sie denken „Jetzt ist nicht der richtige Augenblick!“ oder „Das zu sagen, würde nicht ohne negative Konsequenzen für mich bleiben …“? Welchen Preis zahlen Sie für Ihr Ausweichen?

ECHTHEIT • ROLLENERWARTUNGEN • SELBSTBEZOGENHEIT

Ich will so bleiben, wie ich bin

Die Sehnsucht nach Authentizität ist groß, aber die an einen Menschen gerichtete Aufforderung „Sei authentisch!“ verleitet zu Missverständnissen.

Schauen wir der Tatsache ins Auge: Keiner will einen authentischen Fulltime-Choleriker als Chef. Trotzdem sehen wir uns überall dem Imperativ „Sei authentisch!" ausgesetzt, und selbst im Urlaub verfolgt uns der Begriff Authentizität, als wäre er auf Tournee. So wird in einer Apotheke in Westerland für das Sylter Meersalz geworben: „Ein authentisches Produkt der Insel". Es gibt 125 Gramm für 12,90 €. Man erkennt sofort: Authentizität hat ihren Preis. Mit diesem Etikett lässt sich scheinbar alles aufwerten. Salz, Menschen oder eben auch die Art zu führen. Hauptsache authentisch.

Authentisch klingt erst einmal gut. Es klingt natürlich und rein. Authentizität leitet sich aus dem griechischen *authentikós* ab und meint „echt". Im 16. Jahrhundert wurde der Begriff vorwiegend für spezielle Dokumente genutzt. Ein Schriftstück ist authentisch, wenn verbürgt ist, dass es unverfälscht ist. Auch heute spricht die IT-Sicherheit von „Authentifizierung". Bei konkreten Eigenschaften wie Form, Farbe, Gewicht mag diese etymologische Annäherung noch funktionieren, weil sie objektiv verifizierbar sind. Echt, im Sinne der Herkunft, wird das Sylter Meersalz vermutlich sein. Bei der Anwendung des Begriffs auf Personen kommen wir jedoch sehr schnell auf vermintes Gelände.

// Authentizität ist Überforderung

Authentisch sein, im Sinne von „mich immer so zu zeigen, wie ich wirklich bin", ist ein nicht gerade trivialer Anspruch, sofern man ihn tatsächlich ernst nimmt. Oder haben Sie spontan eine wirklich substanzielle Antwort auf die Frage: Wer bin ich? – ohne auf Beruf oder Familienstatus zu verweisen? Die viel zitierte Inschrift am Apollotempel von Delphi, *gnothi seauton* (erkenne dich selbst), deutet schon an, dass wir es hier mit einer lebenslangen und recht anspruchsvollen Forderung zu tun haben. Authentizität setzt also voraus, dass wir über uns selbst sehr viel und sehr gründlich nachgedacht haben. Psychoanalytiker müssen sich beispielsweise im Rahmen ihrer Ausbildung dazu verpflichten, mindestens 400 Stunden Lehranalyse zu absolvieren, um eigene Persönlichkeitsanteile oder unbewusste Konflikte nicht später in ihre therapeutische Arbeit einfließen zu lassen.

Und mit intensivem Nachdenken über uns selbst ist der Prozess der Selbsterkenntnis natürlich nicht abgeschlossen. Richard David Precht bringt mit seinem Titel „Wer bin ich und wenn ja, wie viele?“ die Sache mit den unterschiedlichen Persönlichkeitsanteilen auf den Punkt. Wann bin ich authentisch: Wenn ich meinen Gefühlen Raum gebe oder wenn ich dem Verstand eine Chance einräume? Welchen Anteilen meiner Persönlichkeit soll ich in der konkreten Situation folgen? Wann bin ich wirklich echt? Es wird deutlich: Mit einem simplen Appell ist es nicht getan.

// Authentizität ist Fiktion

Was entscheidet darüber, wer echt oder gefälscht ist? Eben. Es gibt keine eindeutigen Kriterien für authentisches Verhalten. Authentizität als Eigenschaft einer Person

Wann bin ich wirklich **echt?**

ist eine rein subjektive Zuschreibung. Was Einzelne als authentisch empfinden, kann sehr wohl sorgfältig inszeniert und damit eben nicht mehr „echt" sein. Insofern geht es häufiger um eine gefühlte Authentizität beim Adressaten als um die absolute Kongruenz zwischen dem innersten Selbst und dem gezeigten Ausdrucksverhalten. Ein gelungener Auftritt muss stimmig sein, ob er stimmt, ist eine ganz andere Frage. *Perception is Reality* ist das Credo vieler Branchen, und es wird viel Aufwand betrieben, um auf der Bühne des Lebens eine spezifische Wirkung zu hinterlassen. Das hat mit Authentizität wenig zu tun – erfreulicherweise.

// Authentizität ist asozial

Wir dürfen wohl hoffen, dass eine Vielzahl der öffentlichen Auftritte nicht spontanen Impulsen und Gefühlen folgt. Zumindest wenn es um erhebliche Themen geht. Nichts gegen die unterhaltsamen Einlassungen eines Nationalspielers nach einem glücklichen Sieg, aber auf dem politischen oder unternehmerischen Parkett ist die Aufforderung, authentisch zu sein, eine der Lebenswirklichkeit zuwiderlaufende Empfehlung. In den meisten Situationen ist es sinnvoll, zwischen den Erwartungen an eine soziale Rolle und den eigenen Bedürfnissen sehr genau zu unterscheiden.

Berechtigterweise haben Rollen immer etwas mit Erwartungen zu tun. Sie definieren die Erwartungen einer Gesellschaft an ein geeignetes soziales Zusammenleben. Einerseits sorgen diese Rollenerwartungen für Klarheit und Sicherheit, auf der anderen Seite fordern sie teilweise erhebliche Anpassungsleistungen von uns ein. Da wir mit übertriebenen Anpassungsleistungen in der deutschen Geschichte nicht immer gute Erfahrungen gemacht haben, schlagen wir uns aktuell eher radikal auf die Seite des Individuums. Der Preis für diese „Sei-Du-selbst-Philosophie" ist jedoch hoch. Jeder kennt sie in seinem näheren Umfeld: Menschen, die völlig irritationsfrei einen Bruch mit Konventionen pflegen und das Ganze mit dem Etikett „authentisch" rechtfertigen. Besonders problematisch ist das Ausleben der individuellen Befindlichkeiten dort, wo es um Machtpositionen geht. Ein verantwortlicher Umgang mit Macht im politischen oder unternehmerischen Umfeld schließt aus, dass andere für therapeutische Befreiungsschläge des Chefs missbraucht werden, was, auch wenn man es authentisch nennt, schlicht asozial wäre.

// Authentizität ist ein Lernverhinderer

Der Philosoph und Unternehmensberater Rupert Lay definiert die psychische Reife eines Menschen durch die Anzahl der Rollen, die man sozial adäquat einnehmen kann. Je vielfältiger unser Repertoire, desto reifer unsere Persönlichkeit, unabhängig vom physischen Alter. Anspruchsvolle Aufgaben erfordern in der Regel ein hohes Maß an Rollenvarianz. Von der Rolle des empathischen Kollegen über den kühlen Analytiker bis hin zum pragmatischen Handanleger (und nicht nur Handaufleger) – Führenden wird heute so einiges abverlangt. Je größer die geforderte Rollenvielfalt, desto entscheidender ist die Fähigkeit, zeitnah die eigenen Rollenkonzepte und Verhaltensweisen anzupassen und nötigenfalls zu überarbeiten, kurz: zu lernen.

Gerade als Coach begegnen einem allerdings zuweilen Coachees mit einer leicht bräsigen „Ich-bin-halt-wie-ich-bin-Haltung“ oder mit festem „Ich-will-mich-nicht-verbiegen-Vorsatz“. Statt Vorfreude auf neue Rollen und das damit verbundene persönliche Wachstum werden neue Verhaltensangebote reflexhaft zurückgewiesen. Das beliebte Argument lautet: Bewusstes Aneignen neuer Handlungsstrategien ist unauthentisch, ich will lieber so bleiben, wie ich bin. Abgesehen von der Frage, in welchem Alter man als Persönlichkeit fertig ist (mit sich und der Welt), gibt es im Ergebnis keinen Unterschied zwischen bewusstem oder unbewusstem Lernen. Viele Rollen haben wir unbewusst gelernt und in der Regel wenig reflektiert. Im Laufe unseres Lebens bekommen wir natürlich auch die Chance, uns bewusst für neue Rollen zu entscheiden. Die Erwartungen, die mit einer neuen Rolle verbunden sind, mit den verschiedenen Anteilen unserer Persönlichkeit zu einem stimmigen Ganzen zu verschmelzen und dabei vielleicht sogar neue Handlungsstrategien zu entwickeln, ist bei entsprechendem Potenzial bis ins hohe Alter möglich.

Natürlich sind diese Gedanken kein Aufruf, sich Rollenkonzepte oder moralische Normenkataloge kritiklos anzueignen. Damit würde Selbstverleugnung zum Programm. Gleiches gilt aber auch für den emanzipatorischen Weckruf der „Sei-Du-selbst-Bewegung“. Mit ihr wird nur Selbstbezogenheit kultiviert. Beides hilft nicht.

Kehren wir zurück zum Orakel von Delphi. Im Apollotempel gab es noch eine weitere Inschrift: *medèn agán* – nichts im Übermaß. Worum es im Kern geht, ist eine kluge Balance zwischen den Ansprüchen der Rollen unseres Lebens und den vielfältigen Facetten unserer Persönlichkeit. Nicht jede Rolle passt zu uns, aber wenn wir uns entscheiden, eine Rolle anzunehmen, bedeutet dies auch die Verpflichtung, anhand selbstgewählter Qualitätskriterien dieser Rolle gerecht zu werden – auch und gerade dann, wenn es nicht der aktuellen Stimmung entspricht.

Mein Vater hat mir von einer Person erzählt, die ihn sehr beeindruckt hat: Gottfried von Cramm, er galt als einer der besten Tennisspieler, obwohl er in Wimbledon nie einen Einzeltitel gewonnen hat. Sowohl 1935 als auch 1936 scheiterte er im Finale gegen den Engländer Fred Perry. Im Laufe eines dieser Spiele gab es eine Szene, in welcher der Linienrichter den Ball von Cramm im Aus gesehen hat. Gottfried von Cramm ging kurz zu der Aufschlagstelle, sah, dass der Ball nicht außerhalb des Spielfelds gewesen war, verzog keine Miene und akzeptierte die Entscheidung ohne die geringste Erwiderung.

Das war für meinen Vater der ultimative Ausdruck eines fairen Sportsmannes. Authentisch war das Verhalten sicher nicht, aber es zeigt eine vorbildliche Integration von persönlichen Wertvorstellungen, Rollenerwartungen an einen Sportler und aktueller Befindlichkeit. //

+ Anregungen zur Reflexion

Als Chefin oder Chef

Gibt es Qualitätsmaßstäbe in Ihrer Führungsarbeit, z. B. in Ihrer Kommunikation, die Sie auch an Tagen, an denen Sie „nicht gut drauf sind“, niemals unterschreiten würden? Wie bringen Sie sich an schlechten Tagen selbst wieder ins Gleichgewicht?

Als Mitarbeiterin oder Mitarbeiter

Wie häufig ertappen Sie sich dabei, kritisches Feedback erfolgreich mit dem Gedanken „So-bin-ich-eben“ abzuwehren und sich mit Ihrem aktuellen Sein zufrieden zu geben?

Was Angst macht

Manchmal kann es hilfreich sein, wenn Menschen etwas Angst bekommen, weil es sie wach macht und Energie freisetzt. Aber Angst ist kein Antrieb, der für lange Strecken taugt.

STRESS • ANTRIEB • PROBLEMBEWÄLTIGUNG

Die Bärlach & Studer AG* aus Basel war solide und erfolgreich. Im Rahmen einer heftigen Expansionsbestrebung hatte sie innerhalb von zwei Jahren mehrere deutsche Mittelständler aufgekauft. Die Zukäufe hatten Sinn. Das Portfolio konnte sich sehen lassen. Jedes der gekauften Unternehmen füllt eine Lücke in der Produktpalette und trug dazu bei, die AG zum Branchenführer zu machen.

Wir besuchten die neuen deutschen Töchter und lernten ihre Führungskräfte kennen. Man hatte uns gebeten, einen Beitrag zur Integration der Unternehmen in den Mutterkonzern zu leisten. Wir führten viele Gespräche. Was uns recht schnell auffiel: Viele der Menschen, die wir trafen, wirkten matt und teilnahmslos. Sie gaben zwar bereitwillig Auskunft, ließen aber wenig Engagement erkennen. Ein Klima der Erneuerung und des Aufbruchs, wie es die Unternehmensleitung bezeichnete, hatten wir uns anders vorgestellt.

Mit der Zeit fanden wir eine Erklärung für die verhaltene Tonlage, in der viele Gesprächspartner sich äußerten. Die Zeit eines Aufbruchs lag schon weit hinter ihnen. Nach der Übernahme hatte man ihnen eine glänzende Zukunft beim künftigen Marktführer in Aussicht gestellt. Allerdings nicht ohne zu betonen, dass es vorher gelte, die intendierten Synergieeffekte zu heben, und dafür sei es leider unausweich-

*Name geändert

lich, Funktionen und Positionen einmal richtig zu überprüfen, zu reduzieren und zu zentralisieren.

Die nüchternen Botschaften, die dann folgten, ließen an Deutlichkeit nichts zu wünschen übrig. Sie waren von der Art „Alle werden nicht weiter hier arbeiten können". Und wirklich wurden nach einem halben Jahr mehrere Hundert Mitarbeiter auf die eine oder andere Art entlassen. Nachdem die damit einhergehende Schockwelle verebbt war, machte sich eine Art Zuversicht breit. Das Schlimmste schien überstanden zu sein. Positionen wurden neu besetzt, Verantwortlichkeiten festgelegt.

Die Frage, die viele Führungskräfte umtrieb und die sie bei verschiedenen Zusammenkünften auch immer wieder stellten, war: Können die Verbleibenden jetzt damit rechnen, an Bord zu bleiben? Diese Frage wurde zum großen Schrecken aller vom Vorstand sehr ausweichend beantwortet. Und tatsächlich kam es in der Folge immer wieder zu sporadischen Entlassungen. Als wir die Bärlach & Studer AG kennenlernten, ging das bereits zwei Jahre so.

Dass die Ankündigung einer Restrukturierung, die mit Entlassungen verbunden sein würde, erhebliche Unruhe in den neuen deutschen Töchtern auslöste, verwundert nicht. Es war auch nicht erstaunlich, dass viele Kolleginnen und Kollegen sich daraufhin mächtig ins Zeug legten, um zu beweisen: Was mich angeht, ich mache einen guten Job, deshalb bin ich am richtigen Platz und unverzichtbar!

Das Ende der ersten Entlassungswelle war von denen, die es nicht getroffen hatte, mit einer Art Euphorie begrüßt worden. Die Meinung, die sich schnell verbreitete, war: Wir haben es hinter uns und wir haben überlebt! Gott sei Dank, jetzt beginnt eine neue Ära! Diese Freude gefror allerdings in den Gesichtern, als eine zweite Welle angekündigt wurde, und sie verwandelte sich in Verbitterung, als der Entlassungsprozess zu einem schwebenden Verfahren wurde. Das wurde so vermittelt: „Wir können nicht ausschließen, dass wir uns von weiteren Mitarbeiter trennen werden. Wir wissen nur noch nicht, wann und von wem …“ Wie lange hält eine Organisation diese Ansage aus, ohne Schaden zu nehmen? Nicht sehr lange.

Wer sich ein wenig mit der sozialen Dynamik von Veränderungsprozessen auskennt, wird es deshalb auch nicht verwunderlich finden, dass die Mischung aus Erschrecken und Engagement, die anfangs wie ein Adrenalinstoß gewirkt hatte, nach und nach einer resignativen Grundstimmung wich: „Zu Beginn habe ich mich bemüht, gute Miene zu allem zu machen und mich einzusetzen“, erzählte mir ein Manager. „Man hat ja auch Angst, dass es einen trifft. Jeden Tag haben wir zu Hause darüber geredet. Meine Frau meinte: ‚Du musst zeigen, dass du weiter mitmachen willst!‘ Hab ich auch. Es gab aber keine klare Antwort, und immer wieder hat es einen Kollegen getroffen. Erst gab mir das jedes Mal einen Schock. Ich war dann wie betäubt. Irgendwann war es mir dann ehrlich gesagt egal. Man hält das nicht aus. Heute denke ich: Gebt mir einen neuen Vertrag oder feuert mich. Das ist mir mittlerweile gleich …“

Ob die für den Prozess verantwortlichen Entscheidungsträger sich klar gemacht haben, was sie mit ihrem Vorgehen bewirken? Vielleicht war es so: Sie haben mit ihren Ankündigungen Angst ausgelöst. Das war unvermeidlich. Irgendwann haben sie gespürt, dass die Angst, die im sozialen System entsteht, es erleichtert, Veränderungen durchzusetzen. Menschen, die um ihre Existenz fürchten, sind meist zu mehr Zugeständnissen bereit, als solche, die sich in ihrer Position sicher fühlen. So können Veränderungsprozesse durchgezogen werden, die sonst im Widerstand stecken bleiben würden. Wer diese Erfahrung macht, neigt womöglich dazu, die Verbreitung von Angst mehr oder weniger bewusst in Kauf zu nehmen.

Und wirklich: Angst hilft, aus einem Dämmerschlaf aufzuwachen und aus Stillstand Bewegung zu machen. Aber wann beginnt der Prozess, der als Aufbruch und Erneuerung gedacht ist, in das Gegenteil umzuschlagen? Wann entsteht eine Entwicklung, in der erst die Aufregung, dann das Engagement und schließlich jede innere Anteilnahme auf der Strecke bleiben? Es will im Nachhinein scheinen, dass die Verantwortlichen bei Bärlach & Studer das eben nicht wussten.

// Treibstoff Angst

Als unvoreingenommener Betrachter der menschlichen Spezies könnte man sagen, dass Angst im Grunde etwas sehr Positives ist. Sie hilft uns, wach zu sein für alles, was unserer dringenden Aufmerksamkeit bedarf. Unsere Vorfahren hat sie vor den Gefahren einer ungezähmten Wildnis bewahrt, davor, wilden Tieren oder gefährlichen Abgründen zu nah zu kommen oder die falschen Sachen zu essen. Ohne die Fähigkeit, Angst zu entwickeln, wäre die Spezies Mensch vermutlich ausgestorben. Und die meisten von uns hätten in der Schule oder im Studium keine Abschlussprüfungen bestanden. War es nicht dieses beunruhigende Gefühl, das wir Prüfungsangst nennen, dass uns dazu gebracht hat, irgendwann doch in die Bücher zu schauen?

Nur darf man nicht vergessen, dass es sich bei Angst um einen ganz besonderen Treibstoff handelt. Er entsteht im Gehirn. Alles, was uns beunruhigt oder bedroht, kann Transmitter und Hormone freisetzen, die unseren Körper, unser Empfinden und unsere Wahrnehmung zeitweilig verändern. Zu Beginn einer Stressreaktion aktiviert unser Gehirn das sympathische Nervensystem. Stoffe, die dadurch ausgeschüttet werden, rütteln uns wach und sorgen dafür, dass unsere Aufmerksamkeit auf die Herausforderung gelenkt wird, der wir uns gegenübersehen.

So entsteht der Antrieb, die Situation zu bewältigen, das Problem zu lösen. Das ist gut. Und sofern es uns gelingt, das anstehende Problem zu bewältigen, beruhigt sich unser Organismus auch recht schnell wieder. Man könnte sagen: Wir haben die Sache hinter uns gebracht. Dafür werden wir dann auch belohnt, nicht von anderen, aber von uns selbst. Das Hormon Dopamin wird freigesetzt, Endorphin entsteht und sorgt dafür, dass wir uns leicht euphorisch fühlen oder jedenfalls richtig gut. Das Empfinden, das so entsteht, nennt man ein Erfolgserlebnis.

Der **Treibstoff Angst** taugt zwar zur **Beschleunigung**, nicht aber für **Langstrecken.**

Dumm ist nur, dass dieser Treibstoff Angst zwar zur Beschleunigung taugt, nicht aber dazu, Langstrecken zu fahren. Da unser Organismus sich wegen der hohen Belastung, die damit verbunden ist, nur begrenzte Zeit im Alarmzustand befinden kann, wird er sich über kurz oder lang von selbst herunterregeln. Sofern die Herausforderung bis dahin nicht bewältigt wurde, also kein Erfolg zu verzeichnen ist, stellen sich auch keine Belohnungsreaktionen ein. Wo kein Sieg errungen wurde, gibt es keine Siegerehrung. Statt der Euphorie fühlt man Erschöpfung oder Niedergeschlagenheit, oder beides zusammen.

// Notfallprogramm und neue Handlungsmuster

Das ist die eine Erklärung für die Befindlichkeit der Bärlach-Mitarbeiter. Die andere hat damit zu tun, dass sie keinerlei Möglichkeiten zur Bewältigung der Situation sahen. Stress und Angst können ein Ausmaß annehmen, dass unsere Denk- und Handlungsfähigkeit erheblich einschränkt. Dabei wird unser Gehirn so sehr von Stresshormonen überschwemmt, dass es eine Art von Notfallprogramm aktiviert, das bei genauerer Betrachtung sehr archaisch wirkt. Wir fallen in uralte Handlungsmuster zurück und versuchen vielleicht, das Problem zu vermeiden (Muster Nr. 1: Flucht). Wenn das nicht geht, versuchen wir es zu beseitigen (Muster Nr. 2: Angriff). Wenn beide nicht funktionieren, verfallen wir in eine Art Starre (Muster Nr. 3: Totstellreflex), was besagt: Wir reagieren einfach nicht mehr auf das, was uns bedroht. In allen drei Fällen, sagt der Neurobiologe Gerald Hüther, sind die Hirnregionen, in denen

Reflexionsfähigkeit und Beurteilungsvermögen angesiedelt sind, nicht mehr beteiligt. So viel zum Thema Personalentwicklung.

Jedenfalls trafen wir viele Mitarbeiter der Bärlach & Studer AG damals in einem Zustand an, der fatal an das Muster Nr. 3 erinnerte. Die Reaktion war wohl Ausdruck der Ohnmacht, die sie empfanden. Studien zeigen: Wer sich nicht als selbstwirksam erlebt, also als dazu fähig, auf die eigenen Lebensumstände Einfluss zu nehmen und in Bezug auf wichtige Lebensbereiche, wie den eigenen Beruf, erfolgreich zu handeln, verliert nach und nach seine Antriebskräfte und resigniert schließlich.

Dem Unternehmen wäre mehr damit gedient gewesen, wenn die schmerzlichen Schritte und Schnitte schnell erfolgt und ebenso schnell wieder beendet worden wären. Die nachfolgende Bekräftigung der weiteren Zusammenarbeit hätte vermutlich wie eine Belohnung für das Überstehen der Krise gewirkt und den Organismus des Unternehmens wie ein Erfolgserlebnis durchdrungen. Es hätte schmerzliche Erfahrungen überdeckt, Wunden geheilt und das Potenzial freigesetzt, nach vorn zu schauen. Wer Aufbruch durch Angst erzeugt, tut gut daran, die Geister, die er ruft, unter Kontrolle zu halten und sie lieber früher als später mit Maßnahmen zu bannen, die Zuversicht und neues Vertrauen rechtfertigen.

Werden Restrukturierungsprozesse zu Erfahrungen, die zwar Stress und Angst auslösen, innerhalb einer verkraftbaren Spanne aber zu erlebbarem Erfolg führen, so werden sie in der Tat produktiv – vorausgesetzt, dass sie ein klar erkennbares Ende haben und nach ihrer Bewältigung eine Phase der Konsolidierung eintritt, damit das menschliche Bedürfnis nach Orientierung und Sicherheit gestillt werden kann.

Zumindest so lange, bis neue Herausforderungen entstehen. Gerald Hüther hat beschrieben, wie das aus hirnphysiologischer Sicht geschieht: Erfolgreiches Verhalten wird im Gehirn abgespeichert, um es wiederholbar zu machen. Die dabei benutzten Nervenwege werden bei jeder Wiederholung stärker miteinander verknüpft. Das neu entwickelte Handlungsmuster geht im ursprünglichen Sinne des Wortes „in Fleisch und Blut über".

Diese Verknüpfung im Gehirn kann man sich so vorstellen, sagt Hüther, dass aus anfangs sehr schmalen Wegen nach und nach Straßen werden und schließlich Autobahnen. Einmal in Fahrt auf solchen Autobahnen, gelingt es uns kaum noch, sie zu verlassen. Das heißt, wir reagieren auf Anforderungen mit immer der gleichen, „eingefahrenen" Strategie, und das auch dann noch, wenn die Situation sich verändert hat und eigentlich eine andere Lösung verlangt.

Am Ende hilft oft nur eines: die nächste Krise. Und sie darf ruhig einen Auslöser haben, der zum Weckruf wird, solange Führungskräfte dabei nicht vergessen, was Angst mit uns macht. //

+ Anregungen zur Reflexion

Als Chefin oder Chef

Würden Menschen, die von Ihnen geführt werden, sagen, dass Sie zu Drohungen, zur Ausübung von unangemessenem Druck und zur Erzeugung von Angstgefühlen neigen? Wenn Sie innerlich mit „nein" antworten: Könnten Sie sich irren?

Als Mitarbeiterin oder Mitarbeiter

Wer oder was im beruflichen Feld hat bei Ihnen Angstgefühle ausgelöst? Wieso haben Sie das zugelassen? Was hätten Sie stattdessen tun können?

VERÄNDERUNG • SELBSTENTWICKLUNG • SYNAPSEN

Neuronale Chancen

Wer seine Mitarbeiter auf neue Wege mitnehmen will und möchte, dass sie ihr Verhalten ändern, beginnt am besten bei sich selbst – im Kopf.

Henning Peters* war Bereichsvorstand eines namhaften Autoherstellers. In seiner Verantwortung wurden Komponenten für Antriebseinheiten von Nutzfahrzeugen hergestellt – in mehreren Werken, die über die ganze Republik verteilt waren. So wie aus dem Antriebsstrang sollte auch aus den Werken eine Einheit werden, das hatte der neue Chef beschlossen. „Die Werke wurden bisher wie regionale Fürstentümer geführt, damit muss Schluss sein", sagte er. Er wollte aus den verschiedenen Komponenten ein Produkt machen und dieses Produkt auch über das eigene Haus hinaus vermarkten. Technische und kaufmännische Weichen dafür waren gestellt. „Jetzt brauchen wir nur noch eine neue Denke", fand er und beauftragte uns, ihn und sein Führungsteam bei der Entwicklung dieser neuen „Denke" zu unterstützen.

Die Beweggründe Henning Peters' konnten wir gut nachvollziehen. Wir führten zahlreiche Gespräche mit ihm. Das, was er mit Blick auf wirtschaftliche und technische Herausforderungen auf die Beine stellen wollte, erschien uns plausibel. Warum sollte es nicht auch seinen Leuten, die ja als Ingenieure sogar vom Fach waren, plausibel erscheinen? „Ich rede und rede", sagte er, „und sie stimmen mir auch zu, zumindest solange wir zusammen sind. Sobald sie wieder in ihren Werken sitzen, macht jeder weiter wie bisher. Keine Spur von der Zusammenarbeit, die wir brauchen und über die wir tagelang geredet haben! Bei sich zu Hause angekommen, mutiert jeder

*Name geändert

von denen sofort wieder zum Ritter auf eigener Burg. Und das heißt: Er denkt nur an die Wahrung seiner Interessen. Kein Gedanke mehr an das, was wir gemeinsam erreichen wollen."

Er war frustriert und wütend und suchte in uns Partner, die dort weitermachten, wo er seiner Meinung nach gescheitert war. Dabei wurde eine Erwartung deutlich, die uns sehr vertraut ist: Bringen Sie das für mich in Ordnung! Sorgen Sie dafür, dass meine Leute kapieren, was ich will, und endlich mitziehen! Er hoffte, mit uns eine Art Reparaturdienst für die Einstellung und das Verhalten seiner Leute gefunden zu haben. Nun, wir sind Dienstleister. Wir tun, was wir können. Aber was genau können wir tun? Diese Frage führt uns regelmäßig zu einigen recht grundsätzlichen Überlegungen. Zum Beispiel: Kann man das Verhalten anderer Menschen verändern? Oder: Können sich erwachsene Menschen überhaupt noch verändern? Wenn es möglich ist, diese beiden Fragen zu beantworten, sollte es leichter sein zu bestimmen, welchen Beitrag wir als Dienstleister bieten können. Beginnen wir mit der letztgenannten Frage.

// Können sich erwachsene Menschen noch verändern?

Natürlich kann sich jeder von uns durch Wechsel von Form, Farbe und Struktur des Körpers oder der Kleidung mehr oder weniger erfreuliche Erscheinungsformen zulegen. Hier geht es aber vor allem um das, was für unsere Mitmenschen viel relevanter ist: unsere Verhaltensweisen. Und da unser alltägliches Verhalten sich in der Regel innerhalb eines festen Repertoires bewegt, also zu 90 Prozent nach den immer gleichen Mustern verläuft, sprechen wir im Grunde davon, Verhaltensmuster zu ändern. Ist das möglich?

Wie alle Lebewesen sind auch wir Menschen zu einem großen Teil durch unsere genetischen Voraussetzungen bestimmt. Nicht nur die leibliche Gestalt, auch unser Verhalten folgt bestimmten Veranlagungen, die wir uns nicht aussuchen können. Unser Sexualverhalten ist ein mehr oder weniger schönes Beispiel dafür. Namhafte Hirnforscher wie Wolf Singer und Gerhard Roth haben in der Vergangenheit immer wieder darauf aufmerksam gemacht, dass wir das Maß, in dem uns genetische und hirnphysiologische Voraussetzungen bestimmen, dramatisch unterschätzen. Diesen Wissenschaftlern zufolge sind wir weitaus weniger Herr oder Frau im eigenen Haus, als wir uns eingestehen wollen, denn unser Verhalten ist größtenteils determiniert. Aus dieser Feststellung ließe sich eine hübsche Diskussion zum Thema Schuld und Verantwortungsfähigkeit bei Fehlhandlungen in Unternehmen ableiten. Aber das würde an dieser Stelle zu weit führen.

Zu den genetischen Voraussetzungen kommen natürlich noch jene Erfahrungen, die wir in den ersten Jahren unseres Lebens machen. Wenn wir Säuglinge, Kinder und Jugendliche sind, ist unser Gehirn außerordentlich stark beeinflussbar. Das, was wir in dieser Zeit erleben und empfinden, hinterlässt Spuren. In diesem Zusammenhang ergibt das viel missbrauchte Wort „Nachhaltigkeit" endlich mal Sinn. Erfahrungen, die wir in unserer Kindheit machen, sind nachhaltig. Vielleicht prägen sie uns für das ganze Leben, in jedem Fall aber bestimmen sie unsere weitere Entwicklung.

An dieser Stelle könnten wir einen flotten Strich unter unsere kleine Erörterung ziehen und feststellen: Wenn durch genetische und soziale Einflüsse in den entscheidenden Jahren die Grundlagen unserer Persönlichkeit geformt werden, dann ist doch für das weitere Leben alles klar. Man ist eben, wie man ist. Und wenn das für die Persönlichkeit im Allgemeinen gilt, dann gilt es auch für ihre Verhaltensmuster.

Zu dieser Erkenntnis hätten wir im Übrigen nicht mal die Herren Singer & Kollegen gebraucht. Ein Griff in die Kiste vertrauter Volksweisheiten hätte genügt: Was Hänschen nicht lernt, lernt Hans nimmermehr. Bitte sehr. Unser geschätzter Auftraggeber Henning Peters wollte, dass seine Werksleiter in einem viel höheren Maß als zuvor kooperierten. Er wollte, dass sie gefälligst gemeinsame Ziele und Interessen über ihre individuellen Ziele und Interessen stellen sollten. Mit einem achselzuckenden Verweis auf den Hänschen-Satz hätten wir ihm antworten müssen: „Da können wir leider auch nichts mehr machen. Wissen Sie, entweder man hat es oder man hat es eben nicht." Keine gute Nachricht für ihn. Keine gute Handlungsgrundlage für uns. Vielleicht verzichten wir deshalb auf ein voreiliges Fazit und werfen noch einmal aus einer anderen Perspektive einen Blick auf das Thema.

Der amerikanische Neurowissenschaftler Joseph LeDoux hat die Rolle der Synapsen erforscht. Das sind, wie Sie sich erinnern werden, kleine Konstruktionen in Ihrem Gehirn, die gerade jetzt dafür sorgen, dass Sie diesen Text lesen und verstehen können – winzige Stellwerke oder Energiebrücken, die mittels elektrischer Impulse unsere Gehirnzellen miteinander verbinden und interagieren lassen. Sie ermöglichen das, was wir mit leichter Selbstüberschätzung „Denken" nennen. Unsere Gene liefern so etwas wie den standardisierten Schaltplan dazu. Das ist der Grund, weshalb das Gehirn bei allen Menschen ähnliche Strukturen aufweist. In der Automobilindustrie spricht man vom Grundmodell. Individuelle Modifikationen (Branchenjargon: Extras) verdanken wir den Variationen, die unsere leiblichen Eltern uns vererben.

In welcher Form das vorhandene Material (Standards plus Extras) aber entwickelt und genutzt wird, hängt einzig und allein von der Qualität der Verbindung unserer grauen Zellen ab. Entscheidend sind nicht die Gehirnzellen selbst, entscheidend ist, wie nachhaltig und mit welcher Geschwindigkeit und Flexibilität unsere Synapsen sie miteinander vernetzen. Diese Akzentverschiebung vom Was zum Wie führt uns zu einem interessanten Gedanken: Wenn es die Verbindungen zwischen den Gehirnzellen sind, die uns Menschen voneinander unterscheiden, dann sind es genau genommen die Synapsen, die uns zu unterschiedlichen Persönlichkeiten machen. Wir sind unsere Synapsen, sagt Joseph LeDoux.

Die Bedeutung, die diese These für die Entwicklung von Menschen und Unternehmen hat, wird erst klar, wenn man berücksichtigt, dass die Verschaltung der Synapsen nicht unabänderlich ist. Die „Software“ unseres Gehirns ist weit davon entfernt, einem Betriebssystem zu gleichen, wie wir es aus Computern kennen. Wüssten wir, dass wir beispielsweise ein Programm namens Brain OS X in der Version 10.9.2 im Kopf haben, so wäre exakt definiert, was wir können und was nicht.

Leider lässt sich bei keinem Menschen abschließend beurteilen, wie lei(s)tungsfähig sein Kopf ist. Die Ursache dafür liegt in der Plastizität unseres Gehirns. Catherine Malabou, die an der Universität Paris-Nanterre lehrt, beschreibt, was das bedeutet: Unsere Synapsen reagieren auf Reizungen, Verstärkungen, Abschwächungen, Wiederholungen. Sie werden aktiviert und deaktiviert. Sie ermöglichen nicht nur das, was wir „Denken“ nennen, sie werden auch selbst davon beeinflusst. Einerseits nehmen sie Informationen auf, andererseits werden sie selbst durch Informationen geformt und umgeformt. Unser Nervensystem ist in vielfältig verbundenen Funktionen organisiert, die ständig in Bewegung sind und sich jederzeit modifizieren können. Jederzeit!

Die Art, wie wir Erfahrungen machen, wie wir sie verarbeiten, und die Art, wie wir mit uns selbst umgehen – all das formt unser Gehirn. Catherine Malabou bringt das auf den Punkt: Unser Gehirn ist zu einem wesentlichen Teil das, was wir daraus machen – ein sicher zunächst ungewöhnlicher Gedanke. Er klingt unglaubwürdig oder herausfordernd – je nachdem, wie unsere Synapsen ihn verarbeiten.

Was **schützt** uns vor den Erkenntnissen **moderner Hirnforschung?**

Nehmen wir ihn für einen Augenblick ernst. Mit dem Satz „Unser Gehirn ist zu einem wesentlichen Teil das, was wir daraus machen" und der Vorstellung, dass unser Gehirn eine Art neuronale Landschaft ist, die sich modellieren lässt, eröffnet Catherine Malabou uns nicht nur eine Menge Chancen, sie weist uns auch eine radikale Verantwortung zu. Die Frage ist, ob wir sie übernehmen wollen. Haben wir überhaupt eine Wahl? Was schützt uns vor den Erkenntnissen moderner Hirnforschung? Vermutlich nur brachiale Ignoranz. Wer nichts über die oben beschriebenen Zusammenhänge weiß oder das, was wir wissen, einfach nicht auf sich bezieht, braucht sich auch für die eigene Entwicklung nicht weiter verantwortlich zu fühlen.

Ich habe großes Verständnis für alle, die seit einigen Zeilen den zunehmenden Drang verspüren, das Thema zu beenden. Deshalb verabschieden wir uns an dieser Stelle von allen Lesern, die mit Optionen für ihre weitere Entwicklung nicht weiter behelligt werden wollen und sich jetzt lieber wieder in die vertraute Routine ihres Alltags zurückziehen möchten.

// Neuronaler Gestaltungsspielraum

Allen anderen sei noch verraten, dass die Fähigkeit, unsere neuronale Landschaft zu modellieren, uns unser Leben lang, bis ins hohe Alter, erhalten bleibt. Das heißt (Sie müssen jetzt tapfer sein!): Ihr Gestaltungsspielraum ist weit größer als gehofft! Damit sei es nun erlaubt, einen weiteren Strich zu ziehen und die Frage, ob erwachsene

Menschen sich noch verändern können, im Rahmen dieses Textes als beantwortet zu betrachten.

Kommen wir zu der anderen Grundsatzfrage. Wie verhält es sich mit dem Gestaltungsspielraum, den wir hinsichtlich anderer Menschen haben? Können Sie, liebe Führungskräfte, können wir andere Menschen verändern?

Unsere salomonische Antwort lautet: Ja und nein. Nein, insofern wir nicht von außen in eine Persönlichkeit eingreifen können. Jedenfalls nicht mit humanen Mitteln (körperliche und psychische Gewalt sollen hier außer Betracht bleiben). Jedes Einwirken auf andere Menschen, jede Kommunikation bleibt ein Angebot, das akzeptiert oder abgelehnt werden kann. Ich kann Ihnen zuhören oder nicht, ich kann versuchen, Sie zu verstehen oder nicht, ich kann dem, was Sie sagen oder tun, eine mir beliebige Bedeutung zuweisen. Insofern bestimme ich zu einem Gutteil selbst den Einfluss, den andere Menschen auf mich haben. Meine Werte, meine Erwartungen an Sie, meine Interessen und meine aktuellen Bedürfnisse bestimmen, wie ich wahrnehme, was Sie tun und sagen. Für unsere Fragestellung heißt das: Sie können mich verändern, wenn ich das zulasse. Insofern kann die Frage also bejaht werden.

Wir haben vorhin festgestellt, dass Menschen sich bis ins hohe Alter verändern können. Unserer Überzeugung nach müssen sie es aber selbst, in eigener Verantwortung tun. Auch Prozesse, in denen es darum geht, kollektive Wirkung zu erzeugen, also zum

Beispiel die Orientierung eines Teams, eines Bereichs oder eines ganzen Unternehmens zu beeinflussen, bleiben letztlich der Versuch, jedes einzelne Mitglied zu erreichen.

Der Auftrag, den Henning Peters uns in dem eingangs geschilderten Beispiel gab, hätte genau genommen lauten müssen: Bitte helfen Sie mir, die Relevanz bestimmter Gedanken und Vorhaben deutlich zu machen. Unterstützen Sie uns dabei, Entwicklungsprozesse anzustoßen und ein Klima zu schaffen, das die Bereitschaft meiner Kolleginnen und Kollegen erhöht, ihr Verhalten zu überprüfen und an den neuen Anforderungen auszurichten. Aber so redet natürlich keiner, der uns den Auftrag erteilen möchte, seine Leute in Ordnung zu bringen.

Viele Topmanager glauben, dass es bei der Entwicklung der Unternehmenskultur vor allem darum gehe, Vorhaben und Ziele in normative Ansprüche zu kleiden und diese der Mannschaft mit Nachdruck nahezubringen. Sie hoffen, in uns Partner zu finden, die das in besonders effektiver Weise tun. Dabei übersehen sie, dass Werte und Handlungsmaßstäbe nur dann handlungsleitend werden, wenn ihr Sinn und ihre Notwendigkeit individuell nachvollzogen werden. Persönlichkeitsentwicklung bleibt immer Selbstentwicklung. Inszenierungen, in denen der „große gemeinsame Geist" angerufen und in Leitbildern beschworen wird, haben vielleicht rituellen Charakter. Sie bewirken aber selten etwas. Stattdessen verführen sie zu der selbstbefriedigenden Vorstellung, einen wichtigen Entwicklungsschritt gemacht zu haben, selbst wenn noch gar nichts passiert ist …

Wir haben damals Henning Peters davon abgeraten, einen Leitbildprozess in das Zentrum der Kulturentwicklung zu stellen. Wir haben empfohlen, einen Diskurs zu initiieren, in dem sich seine Mitarbeiterinnen und Mitarbeiter über längere Zeit mit den wichtigen Fragen der Zukunft und der Entwicklung ihres Bereichs auseinandersetzen könnten. Und wir haben ihm vorgeschlagen, dabei eine Vorreiterrolle einzunehmen. Also nicht, wie bisher, Charts mit den Ergebnissen seiner Überlegungen und den angepeilten Zielen zu präsentieren, sondern immer wieder nachvollziehbar zu machen, wie er selbst an die existenziellen Themen herangegangen war, wie er sich persönlich damit befasst hatte, welche Fragen er sich gestellt und wie beantwortet hatte und – ja, auch, wie er mit eigenen Unsicherheiten und Zweifeln umgegangen war. Wir schlugen ihm vor, nicht Ziele vorzugeben, sondern Denkwege aufzuzeigen.

Um die Wahrheit zu sagen, er konnte sich mit dem Aufwand, den das für ihn mit sich gebracht hätte, nicht anfreunden. Da er so sehr damit beschäftigt war, die Veränderungsprozesse zu managen, hatte er keine Zeit, seine Leute zu führen. Die sorgsam gepflegte Vorstellung, dass seine Mannschaft sich letztlich „verdammt nochmal" seiner Anweisung zu fügen habe, war ihm zu lieb, als dass er sich davon hätte trennen wollen. So übersah er Fragen und Hoffnungen, die sich in den Gesichtern seiner Leute abzeichneten und damit auch die Chance, sie zu erreichen, zu überzeugen und mitzunehmen. //

+ Anregungen zur Reflexion

Als Chefin oder Chef

Sind Sie in der Lage, das, was Ihnen wichtig ist, so zu erklären, dass andere es gut finden können? Der Satz, „Unser Gehirn ist zu einem wesentlichen Teil das, was wir daraus machen“, weist uns eine verblüffende Verantwortung zu. Sind Sie zufrieden mit dem, was Sie aus sich gemacht haben? Wie wollen Sie weitermachen?

Als Mitarbeiterin oder Mitarbeiter

Der Satz, „Unser Gehirn ist zu einem wesentlichen Teil das, was wir daraus machen“, weist uns eine verblüffende Verantwortung zu. Sind Sie zufrieden mit dem, was Sie aus sich gemacht haben? Wie wollen Sie weitermachen?

Wir sind nicht zum Vergnügen hier!

Wahre Motivation ist immer intrinsisch. Warum die „20-Prozent-Zeit“ nahezu immer zum Erfolg des Unternehmens führt.

BLICKWINKEL • FREIRÄUME • SELBSTSTÄNDIGKEIT

Wer hat diesen Satz noch nie gehört? Meist ironisch gemeint, scheint er doch die Brechung einer typisch deutschen Einstellung zu sein. Wie anders wäre es zu erklären, dass in den meisten unserer Unternehmen immer noch das althergebrachte System von Zuckerbrot und Peitsche, von sparsamem Lob und jährlicher kritischer Beurteilung als Führungsinstrument praktiziert wird?

Und das, obwohl psychologische Forschung seit Jahrzehnten immer wieder nachweist, dass ein von außen gesteuertes Anreizsystem nicht nur einen schwächeren Antrieb als intrinsische Motivation darstellt, sondern unter bestimmten Bedingungen sogar negative Effekte erzielt.

Beispiele für die ungewollt gegenteilige Wirkung äußerer Anreize gibt es viele: Das Ausloben einer Sonderzahlung kann dazu führen, dass die Mitarbeiter gegeneinander statt gemeinsam an der Zielerfüllung arbeiten. Werden Blutspenden bezahlt, so verringert sich die Spendenquote, weil aus einem Akt der Nächstenliebe plötzlich ein Geschäft wird. Äußerer Anreiz kann Leistung sogar schmälern, man spricht vom sogenannten Korrumpierungseffekt. Fällt der Anreiz weg, reduziert sich das ursprünglich einmal gerne und freiwillig gezeigte Verhalten.

In der Erziehung machen es viele besser: Die meisten Eltern wissen instinktiv (oder aus eigener negativer Erfahrung), dass eine Bezahlung der Kinder für geleistete Hilfe im Haushalt oder für gute Noten fast immer Ärger zur Folge hat. Werden Rasenmähen und Schularbeit subventioniert, so lautet die Botschaft: Arbeit und Lernen sind so extrem unangenehm, dass die Überwindung des eigenen Widerwillens eine ordentliche Belohnung verdient. Und auch der zweite Effekt ist den Eltern wohl bekannt, die Expansion der Erwartungshaltung: „Wenn es 5 € für das Rasenmähen gibt, was bekomme ich dann eigentlich dafür, den Müll runterzutragen?“ oder „Okay, für eine Zwei hat es nicht mehr gereicht, aber was gibt es denn für eine Drei?“.

Arbeitspsychologen empfehlen, „Wenn-dann-Belohnungen“ höchstens für Routineaufgaben auszuloben. Bei Routine untergräbt die Belohnung keine intrinsische Motivation, weil es meist keine gibt. Für alle anderen Aufgaben gilt: Viel zielführender ist indessen eine unerwartete Belohnung, also eine nicht antizipierte oder angekündigte, nachträgliche Anerkennung guter Arbeit.

Die Motivation eines Menschen hängt überdies grundsätzlich mit der Perspektive zusammen, aus der er auf eine Tätigkeit blickt. Mark Twain hat in seinem wunderbaren Klassiker *Die Abenteuer des Tom Sawyer* sehr amüsant und lebendig beschrieben, wie man Menschen mittels einer Änderung der eigenen Einstellung dazu bekommt, auch ihren Blickwinkel zu ändern und sogar ungeliebte Arbeiten attraktiv zu finden.

Tom Sawyer muss als Strafarbeit den Zaun seiner Tante Polly streichen, eine Aufgabe, die ihn nicht gerade mit Freude erfüllt. Anstatt nun aber dieser Arbeit mit missmutigem Gesicht und grimmiger Stimmung nachzugehen, macht er sie seinen Freunden schmackhaft, indem er sie mit demonstrativer Begeisterung versieht. Er verkündet, dass es eine Ehre für ihn sei, den Zaun streichen zu dürfen, und dass nur wenige solch einer Verantwortung gerecht werden könnten. Er ist so überzeugend, dass den Jungen die Arbeit von Minute zu Minute attraktiver erscheint. Schließlich betteln sie darum, streichen zu dürfen. Nach einigem Hin und Her lässt Tom sich natürlich überreden, seinen Freunden etwas von der „verantwortungsvollen" Aufgabe zu überlassen. Das Ergebnis seiner List: Am Ende streichen die Freunde den Zaun mehrmals komplett und bezahlen Tom sogar für das Vergnügen, dass sie mitmachen dürfen.

Nun soll hier natürlich nicht behauptet werden, die Aufgabe von Führungskräften sei es, sich Szenarien auszudenken, mit denen sie Mitarbeiter geschickt in eine Illusion manövrieren, die ihnen ihre Arbeit attraktiver erscheinen lässt, wie es bei Mark Twain geschieht. Es geht vielmehr um den Grundgedanken, dass alles, was uns Spaß macht, all unserer Mühe wert ist. Und ob etwas Spaß macht – das ist letztlich eine Frage des Blickwinkels.

Kaum jemand wird ein leidenschaftlich betriebenes Hobby, egal wie anstrengend es ist, als Arbeit bezeichnen. Wenn ich mich freiwillig für etwas entscheide, wenn ich Gestaltungsspielraum bei meinem Ziel habe, wird im Idealfall die Tätigkeit selbst zur Belohnung. Insofern macht der oben zitierte Satz andersherum Sinn: „Schließlich sind wir auch zu unserem Vergnügen hier!“ Wie aber lässt sich ein solches Prinzip auf den beruflichen Alltag übertragen und: rentiert sich das für ein Unternehmen?

Erstaunlicherweise gibt es Unternehmen, die begonnen haben, nicht nur Gleitzeitmodelle weiterzuentwickeln, sondern sie durch Modelle zu ersetzen, die Mitarbeitern über 20 Prozent der Arbeitszeit zur eigenen freien Verfügung überlassen. Die Mitarbeiter entscheiden, wann, wie, mit wem und vor allem woran sie arbeiten. Menschen arbeiten offenbar dann mit besonderem Engagement, wenn die Unternehmensleitung ihnen Freiräume und Vorschussvertrauen gibt. Das Bekannteste der Unternehmen, die mit solchen Modellen experimentieren, ist wahrscheinlich Google. Dort werden Mitarbeiter bereits seit geraumer Zeit ermutigt, sich an einem Tag der Woche mit einem Projekt ihrer Wahl zu beschäftigen. Einige Google-Mitarbeiter nutzen ihre „20-Prozent-Zeit“, um bestehende Produkte zu verbessern, die meisten entwickeln jedoch in dieser Zeit etwas völlig Neues. Gmail, Google Talk, Google Translate, Google News – diese Namen bezeichnen Produkte, die als Resultate dieses eigenverantwortlichen Arbeitens gelten können. Für Google hat sich das Wagnis, die Mitarbeiter einfach mal machen zu lassen, also bereits gelohnt.

Ein weiteres Beispiel? Der Merkzettel PostIt, den heute jeder an seinem Arbeitsplatz liegen hat, wurde bei 3M in einer Art 20-Prozent-Phase erdacht. Bisher hat noch keine der Firmen, die das 20-Prozent-Experiment durchgeführt haben, die Regelung wieder abgeschafft. Im Gegenteil: Einige Unternehmen haben den Anteil der

Intrinsische Motivation wird ausgelöst, wenn man **Freiräume** mit eigenen **Entscheidungsfeldern** gewährt.

autonomen Arbeit sogar erhöht, weil sich Leistung und Kreativität um bis zu einem Drittel steigern ließen.

Was tatsächlich mit intrinsischer Motivation erreicht werden kann, mag folgendes Gedankenexperiment aufzeigen: Es geht um Nachschlagewerke. Versetzen Sie sich zurück in das Jahr 1995. Jemand will Ihre hellseherischen Fähigkeiten testen: „Ich werde Ihnen zwei Projekte beschreiben, in denen es jeweils um die Entwicklung einer neuen Enzyklopädie geht. Sie sollen mir sagen, welche Ihrer Meinung nach im Jahr 2010 die erfolgreichere sein wird. Die erste Enzyklopädie stammt von Microsoft, einem der Riesen der Softwarebranche. Der Konzern wird enorme Geldmittel aufwenden, wird professionelle Autoren bezahlen und Artikel über abertausende von Themen schreiben lassen. Gut honorierte Manager werden das Projekt betreuen, um sicherzustellen, dass Budget und Terminvorgaben eingehalten werden. Die Enzyklopädie wird erst über CD-ROM und dann online verkauft. Die zweite Enzyklopädie wird nicht von einem Unternehmen erstellt, sondern von zehntausenden Menschen, die lediglich aus purem Vergnügen Artikel schreiben und editieren. Keiner der Autoren wird auch nur einen Dollar, Euro oder Yen sehen, wenn er oder sie Artikel schreibt oder bearbeitet. Die Enzyklopädie wird online erscheinen und für jeden kostenfrei zur Verfügung stehen." Es steht zu bezweifeln, dass 1995 auch nur einer von uns nicht die erste Enzyklopädie als das Erfolgsmodell bezeichnet hätte. Jede andere Schlussfolgerung hätte im Widerspruch zu fast allen Wirtschaftsprinzipien gestanden, die an den Universitäten gelehrt wurden und werden.

Wir wissen, wie das Ganze ausgegangen ist: Am 31. Oktober 2009 zog Microsoft beim Enzyklopädie-Projekt *MSN Encarta* den Stecker. Weder eine CD-ROM noch eine Online-Version erblickte jemals das Licht der Welt. Das zweite Modell – uns allen bekannt unter dem Namen *Wikipedia* – hat sich mit derzeit ca. 37 Millionen Artikeln als die größte und beliebteste Enzyklopädie der Welt etabliert. Wikipedia-Autoren erhalten keinen Lohn für ihre Arbeit. Was sie antreibt, kommt aus ihnen selbst. Möglicherweise ist es der Wunsch zu zeigen, was man weiß und kann. Möglicherweise ist es der Wunsch, dazuzugehören. Wie auch immer, das Ergebnis ist beeindruckend und überzeugend. Vielleicht sollten wir uns hin und wieder an einen Satz von William McKnight, dem ehemaligen Präsidenten und Vorsitzenden der Firma 3M, erinnern, in dem er das Geheimnis seines Erfolgs preisgibt: „Stellen Sie gute Mitarbeiter ein und lassen Sie sie in Ruhe arbeiten!" //

+ Anregungen zur Reflexion

Als Chefin oder Chef

Wie in diesem Kapitel beschrieben, wird intrinsische Motivation ausgelöst, wenn man den Mitarbeitenden Freiräume mit eigenen Entscheidungsfeldern gewährt. Bitte fragen Sie sich für Ihre Mitarbeiterinnen und Mitarbeiter: Wo könnte ich mehr Verantwortung mit Gestaltungsmacht auf den Einzelnen übertragen? Wie wenig Kontrolle ist eigentlich möglich? Traue ich jemandem – basierend auf wenigen Einzelerfahrungen – vielleicht zu wenig zu? Mit welchen Schritten kann ich Eigenverantwortlichkeit fördern?

Als Mitarbeiterin oder Mitarbeiter

Welche Arbeiten machen mir wirklich Spaß, weil ich das Gefühl habe, hier selbstständig entscheiden zu können und etwas zu verantworten? Wie kann ich den Anteil dieser Arbeiten erhöhen? Wie kann ich meine Chefin oder meinen Chef dazu bewegen, mir mehr Handlungsfreiheiten einzuräumen? Wie kann ich schnell nachweisen, dass ihr Vorschussvertrauen in mich gerechtfertigt ist?

ANDERSARTIGKEIT • HINGABE • KOMMUNIKATION

Steve Jobs Unternehmer

Was man von Steve Jobs lernen kann, lässt sich gut auf den Punkt bringen. Auch wenn dadurch kein Rezept entsteht, dessen Anwendung zum sicheren Erfolg führt – der Inspiration dient es allemal.

Das Jahr 1987 – Berlin feierte sein 750-jähriges Bestehen, und das lang ersehnte erste Produkt von Apple stand endlich auf meinem Schreibtisch. Ein Macintosh SE mit 20 MByte Festplatte und einem 9-Zoll-Bildschirm. Für meine schmale Studentenbörse war das ein gewaltiges Investment. Ich habe es nie bereut. Seit damals habe ich Steve Jobs und seine wechselvolle Geschichte mit viel Enthusiasmus und einer Menge Herzblut verfolgt. Nach seinem Tod 2011 stellte sich für das Unternehmen Apple die Frage, was bleibt und was soll werden?

Steve Jobs war in meiner Wahrnehmung, und damit aus leidenschaftlich subjektiver Sicht, ein genialer Unternehmer. Andere mögen ihn anders beurteilen oder sich eher dem Menschen hinter der Funktion nähern. Da ich nie die Gelegenheit zu einer persönlichen Begegnung hatte, kann ich ihn als Mensch nur mit großer Zurückhaltung betrachten. Was macht aber Steve Jobs in meinen Augen zu einem genialen Unternehmer? Fünf Prinzipien möchte ich gern herausstellen, die allenfalls als Inspiration dienen können. Als simple Kopiervorlage für das eigene Unternehmen sind sie mit Sicherheit nicht zu gebrauchen. Erfolg, und gerade der von Steve Jobs und Apple, war einmalig, weil er kontextabhängig war. Was in Cupertino funktioniert, muss in München noch lange nicht funktionieren.

Und damit sind wir schon beim ersten Prinzip.

// Erfolg braucht Andersartigkeit

Nicht da sein, wo alle sind. Rebellen, Ketzer und Piraten betrachten und denken die Dinge anders. Sie entdecken Chancen, wo andere nur die Risiken sehen. „Think different" im wahrsten Sinne. Der Preis dafür ist nicht gering, denn er beinhaltet, sich auf dem schmalen Grat zwischen Erfolg und Scheitern zu bewegen. Der Zweifel ist Teil des Spiels. Wem dieses Risiko zu groß ist, der sollte den sicheren, den bewährten Weg gehen. Den, wo man scheinbar nichts falsch macht. Den, den alle gehen. Das hat Apple unter verschiedenen CEOs in Abwesenheit von Steve Jobs versucht. Die Macs wurden stetig verbessert und auch für den portablen Markt meinte man mit den PowerBooks gut gerüstet zu sein.

Aber es fehlte etwas. Apple war nur noch einer von vielen Herstellern beigefarbener Boxen. Man war da, wo alle waren. Das änderte sich erst mit der Rückkehr von Steve Jobs. Radikal. Er forcierte Unternehmensmodernisierung statt Unternehmenssanierung. Mit ihm wurde aus der Produkt*evolution* eine Produkt*revolution:* iMac, iPod, iTunes (als Online-Musikladen) und schließlich iPhone und iPad. Und Apple war wieder das, was die Kunden in dem Unternehmen sehen wollten: eine Quelle von Innovationen, ein Team, das allen einen Schritt voraus war. Am Ende der iPhone-Präsentation im Januar 2007 brachte Steve Jobs diese Philosophie mit einem Zitat des Eishockeyspielers Wayne Gretzky auf den Punkt: „Ich skate dahin, wo der Puck sein wird, und nicht dorthin, wo er gerade ist."

Nichts,
was Bestand
haben soll,
kommt schnell.

// Erfolg braucht Menschen

Häufig werden die Fehler am Anfang gemacht. Laut eigener Aussage hat Steve Jobs an die 5.000 Gespräche mit potenziellen Mitarbeitern persönlich geführt. Allein dieses Zeitinvestment zeigt, dass bei Apple die Menschen den Unterschied machen. Daraus lässt sich ableiten, dass Kompromisse bei der Personalauswahl der Anfang vom Ende sind. Nun ist die Suche nach und die Zusammenarbeit mit den Besten nicht trivial. Wie Jobs in einem Fortune-Interview bekannte, handelt es sich um eine permanente Herausforderung. „Es ist die Suche nach der Nadel im Heuhaufen. … Kompetenz ist nur eine Seite. Sie (die Mitarbeiter) sollten wirklich smart sein. Aber der wirklich wichtige Punkt für mich ist, ob sie sich in Apple verlieben. … Dann werden sie das machen, was das Beste für Apple ist und nicht das Beste für sich selbst oder für Steve oder irgendjemand anders." Wenn man von der in der Geschäftswelt ungewohnten Vokabel „verlieben" absieht, tritt das, worauf es ankommt, umso klarer hervor: eine langfristig orientierte (freiwillige) Bindung an das Unternehmen. Eben kein Projekt für den nächsten Karriereschritt, keine Identifikation nach Stimmungslage und keine Söldnermentalität.

Nun ist die Personalauswahl nur die eine Seite der Medaille. Die andere Seite wird gern als „Mitarbeiterbindung" beschrieben oder etwas weniger verpflichtend als Frage: Wie kann man die Wahrscheinlichkeit erhöhen, dass die Besten bleiben? Dabei ist wichtig zu erkennen, dass die Medaille immer noch die gleiche ist. Die Gründe des Einstiegs sind die Gründe des Ausstiegs. Wie schafft man es also, dass sich die Besten auch nach Jahren immer wieder neu in das Unternehmen „verlieben"? Dazu Steve Jobs auf der D8-Konferenz im Juni 2010: „Einer der Schlüssel ist, dass Apple ein Unternehmen ist, das auf Zusammenarbeit gegründet ist. [...] Zusammenarbeit hängt davon ab, das Vertrauen zu haben, dass die Teams ihren Teil beitragen, ohne sie permanent zu kontrollieren. Und darin sind wir ziemlich gut. Was ich den ganzen Tag mache, ist, mich mit diesen Teams zu treffen, um an Ideen zu arbeiten und Probleme zu lösen, neue Produkte zu entwickeln ..." Auf Nachfrage von Walt Mossberg (Wall Street Journal), ob die Mitarbeiter ihm dabei widersprächen, erwidert Jobs: „Natürlich, wir argumentieren ständig." „Und, gewinnen Sie?", hakt Mossberg nach. Jobs gibt lachend zu: „Ich wünschte, ich würde. Schauen Sie, wenn Sie großartige Leute einstellen und wollen, dass sie weiter für Sie arbeiten, dann müssen sie ihre eigenen Entscheidungen treffen können. Es geht um die (besten) Ideen, nicht um Hierarchie. Die besten Ideen müssen sich durchsetzen. Ansonsten werden gute Leute nicht bleiben." Misstrauen und Kontrolle schlagen sie in die Flucht. Positiv gewendet: Beziehungs- und Leistungsvertrauen, Freiheit in der Gestaltung und Chancen zu lernen erzeugen freiwillige Bindung.

Natürlich existieren zahlreiche mehr oder weniger schmeichelhafte Anekdoten über Steve Jobs Führungsstil. Dass er direkt und schonungslos gewesen sei, ist in vielen noch die harmloseste Zuschreibung. Aber er besaß die außergewöhnliche Gabe, aus talentierten Mitarbeitern das Beste herauszukitzeln. Michael Poliza, ein ehemaliger Geschäftspartner von Apple, beschreibt das eindringlich: „Viele Ehemalige aus seinem Team haben immer wieder erzählt, dass sie für ihn arbeiten mussten wie nie zuvor in ihrem Leben. … Aber am Ende war ihr Fazit immer gleich: Keiner hat so viel aus mir herausgeholt. Niemals zuvor oder danach habe ich so viel gelernt. Es war die beste Zeit meines Berufslebens!" Das erzeugt Bindung: Jemand, der an mich und meine Möglichkeiten glaubt, auch wenn ich selbst zweifle, und mich immer wieder dazu anhält, diese Potenziale auszuschöpfen.

Apropos lernen. Bereits in seiner Zeit bei Pixar hat Steve Jobs ein eigenes Fortbildungsprogramm entwickelt, damit die Mitarbeiter regelmäßig an Schulungen teilnehmen konnten. 2008 schließlich hat Apple den Dekan der Universität Yale, Joel Podolny, für die Apple University engagiert. Ziel solcher Maßnahmen ist es nicht nur, betriebswirtschaftliches Wissen zu vermitteln, sondern zukünftigen Mitarbeitergenerationen jene Erfahrungen und Qualitäten zu vermitteln, die Apple einzigartig machen.

// Erfolg braucht Zeit

Am 9.1.2001 brauchte Steve Jobs exakt 8 Minuten und 30 Sekunden, um seine Digital-Hub-Strategie im Rahmen der Macworld auf den Punkt zu bringen. Damit war der Kern von Apples Weg für das neue Jahrtausend beschrieben: die integrierte Verbindung aus Hardware und Software, die sich wechselseitig bereichern und auf diese Weise völlig neue Produkte und Services möglich werden lassen. Eine Strategie, die für die kommenden zehn Jahre zum Maß für eine ganze Industrie wurde und unsere mobile Welt entscheidend verändert hat. An dem Zeithorizont wird deutlich, dass unternehmerisches Engagement einen langen Atem voraussetzt. Nichts, was Bestand haben soll, kommt schnell oder unterwirft sich einem Denken in Quartalen.

Der Mut und das Selbstvertrauen, an einer klaren Orientierung über Quartalsgrenzen hinweg festzuhalten, heißt auch, immer wieder der naheliegenden Versuchung zu widerstehen, der grassierenden Kurzsichtigkeit im Management Tribut zu zollen, auf jeden fahrenden Zug aufzuspringen. Steve Jobs: „Ich bin genauso stolz auf das, was wir nicht gemacht haben, wie auf das, was wir gemacht haben." Jedes Nein hilft, sich auf die Dinge zu konzentrieren, die wirklich wichtig sind. Jeder Verzicht ist die Bejahung einer Entscheidung. Der Erfolg von Apple basiert auf weniger als 30 Hauptprodukten bzw. Services.

// Erfolg braucht Hingabe

Wie sollen Mitarbeiter arbeiten: gut oder schnell? Klar, beides wäre fantastisch. Aber Hand aufs Herz: Bei der Frage, ob man sich eher an der inneren Zufriedenheit mit der eigenen Leistung oder den glücklichen Augen des Chefs auf Grund eingehaltener Terminzusagen orientiert, wissen wir bereits, wofür sich die meisten entscheiden werden. Gunter Dueck beschreibt die Alternative zu dieser Haltung in ver-

Nicht da sein,
wo alle sind.

schiedenen Aufsätzen als *IQL, Internal Quality Level.* „Menschen mit hohem IQL streben Meisterschaft an ..., sie streben nach dem Höchsten und ringen ehrlich und wahrhaftig um die Zukunft und das Bessere." Diese Hingabe an die Aufgabe, sich nicht mit der schnellen, naheliegenden, ersten Lösung zufriedenzugeben, macht den Unterschied. *Age, quod agis.* Was Du tust, das tu auch richtig.

Eine Anekdote von Vic Gundotra, Googles Senior Vice President of Engineering, sagt sehr viel über den IQL von Steve Jobs. 2008 war Gundotra verantwortlich für die mobilen Applikationen und bekam daher regelmäßig Anrufe von Apple. Im Januar 2008 erhielt er sogar während des Kirchgangs eine kurze Nachricht. Steve Jobs bat, ihn zu Hause zurückzurufen. Was konnte so außergewöhnlich sein, dass Steve Jobs den Verantwortlichen der mobilen Applikationen bei Google am Sonntagvormittag anrief? Der Grund stellte sich schnell heraus: Er hatte bemerkt, dass das zweite „o" im Schriftzug Google mit dem falschen Gelbton versehen war! Er hatte bereits Mitarbeiter von Apple damit beauftragt, sich mit Gundotra zusammenzusetzen, um das „Problem" zu lösen.

Für Gundotra zeigt diese kleine Geschichte die Leidenschaft und Aufmerksamkeit von Steve Jobs für die Produkte. Er schließt mit den Worten: „Ein CEO sollte sich um die Details kümmern. Auch um eine gelbe Farbnuance. An einem Sonntag." Manch einer mag das als pedantisch abtun oder dahinter einen Kontrollwahn diagnostizieren. Wer allerdings einmal ein Produkt von Apple in Händen gehalten hat, wünscht sich, dass mehr Unternehmen diese Liebe und Sorgfalt in die Details ihrer Produkte gesteckt hätten. In dieser Beziehung scheint Steve Jobs ein Überzeugungstäter gewesen zu sein, der scherzhaft als die kritischste Ein-Mann-Marktforschungsabteilung von Apple bezeichnet wurde.

// Erfolg braucht Kommunikation

Der österreichische Schriftsteller Karl Kraus bringt es auf den Punkt: „Es genügt nicht, keinen Gedanken zu haben. Man muss ihn auch ausdrücken können." Wenn man sich das verzweifelte Bemühen in Unternehmen vergegenwärtigt, mit beliebigen Allgemeinplätzen und politischen Leerformeln einen mentalen Aufbruch zu erzeugen, so hat man Grund, mindestens traurig zu werden. Für nicht wenige scheint ein solcher Auftritt nicht viel mehr zu sein als eine lästige Pflichtveranstaltung.

Nicht so für Steve Jobs. Jeder Auftritt, und sei es die Baugenehmigung für die neue Firmenzentrale, ist für ihn die Chance, Apple und die Leistungen der Mitarbeiter auf die beste Art und Weise zu präsentieren. Die Resonanz vor Ort und das weltweite Medienecho waren in der Regel dementsprechend groß. Jetzt wird der eine oder andere einwenden: Wenn ich so ein Talent wie Steve Jobs hätte, dann würde ich ja auch ... Falsch! Es geht nicht allein um Talent. Was regelmäßig unterschätzt wird, ist der Aufwand, der in der Vorbereitung einer Präsentationsveranstaltung von Steve Jobs und seinem Team geleistet wurde.

Das begann bereits Wochen vor der Präsentation mit der Frage, welche Produkte und welche Technologien überhaupt vorgestellt werden sollten, d. h. welche den Status der Präsentationsreife erreicht hatten. Was danach folgte, beschreibt Mike Evangelist, der 2001 Produktmanager für Apples DVD-Software war: Für ein Segment von ungefähr fünf Minuten hatte sein Team Hunderte Stunden an Vorbereitung investiert. Nachdem der erste Entwurf Steve Jobs präsentiert wurde, war das Feedback desaströs. Mike Evangelist: „Zu diesem Zeitpunkt empfand ich das als völlig unangemessen, aber ich muss zugeben, dass das Material, mit dem wir die finale Präsentation durchgeführt haben, um Längen besser war als das Material, mit dem wir begonnen haben."

Dieser Aufwand schmälert in keiner Weise die kommunikative Leistung von Steve Jobs. Im Gegenteil. Dieser Aufwand ist gerade Ausdruck der Leidenschaft und des Enthusiasmus für Apple. Die besten Produkte verdienen die beste Präsentation. Nur so gewinnt man Menschen für sich und seine Ideen. //

+ Anregungen zur Reflexion

Als Chefin oder Chef

Können Sie sich vorstellen, bis zu Ihrer Pensionierung in Ihrem aktuellen Unternehmen tätig zu bleiben? Wenn nein, warum nicht? Was folgt daraus für Sie und für das Unternehmen? Was lernen Sie von Ihren Mitarbeitern, die Sie eingestellt haben? Hat Sie einer dieser Mitarbeiterinnen oder Mitarbeiter in der Karriere überholt?

Als Mitarbeiterin oder Mitarbeiter

Können Sie zu Ihrer Abteilung, Ihrem Bereich, Ihrem Unternehmen aus vollem Herzen bilanziert ja sagen? Wenn nicht, dann wird es vermutlich Zeit, etwas zu ändern.

Vom Dienen

Die Behauptung, dass man Führung als Dienst an Geführten verstehen kann, klingt befremdlich, ermöglicht aber einen ganz neuen Blickwinkel auf das Thema.

ALTEROZENTRIK • ZUWENDUNG • BEFÄHIGUNG

In seiner 1932 veröffentlichten Erzählung *Die Morgenlandfahrt* beschreibt Hermann Hesse die Erlebnisse einer Gruppe von Menschen, die aus unterschiedlichen Gründen eine gemeinsame Reise unternehmen. Eine besondere, wenn auch scheinbar unauffällige Rolle für die Gruppe spielt dabei der Diener Leo. Durch seinen Optimismus und seine Anregungen sorgt er für das seelische und geistige Wohl der Gemeinschaft. Das wird deutlich, als er die Gemeinschaft verlässt und die Reisegruppe daraufhin zerfällt. Erst spät wird dem Erzähler H. H. deutlich, dass Leo in Wirklichkeit der Führende der Gemeinschaft war:

„**Leo:** Es ist das Gesetz vom Dienen. Was lange leben will, muß dienen. Was aber herrschen will, das lebt nicht lange. H. H.: Warum streben dann so viele nach Herrschaft? Leo: Weil sie es nicht wissen. Es gibt wenige, die zum Herrschen geboren sind, sie bleiben dabei fröhlich und gesund. Die anderen aber, die sich bloß durch Streberei zu Herren gemacht haben, die enden alle im Nichts."

Diese Erzählung von Hermann Hesse inspirierte 35 Jahre später Robert K. Greenleaf, Führungskraft bei AT&T, zu einem Essay mit dem Titel The Servant as Leader. Er prägte damit den Begriff Servant Leadership und gründete das posthum nach ihm benannte Center for Servant-Leadership. Aktuell geben circa ein Drittel der Fortune 100-Unternehmen an, Servant Leadership zu praktizieren.

Im Deutschen klingt dieser Ansatz zunächst einmal befremdlich. Es fällt schwer, dienen und führen zusammen zu denken. Wenn wir gern dienen, dann vor allem uns selbst. Wir bedienen uns oder lassen uns bedienen. Aber anderen dienen? Dienen riecht verdächtig nach Unterordnung, und das lässt sich nur schwer mit der Vorstellung eines irritationsfreien Führungsanspruchs in Einklang bringen. Führung, so verstanden, ist immer eine Form der Entmündigung der Geführten und hat mit Selbstverantwortung wenig zu tun. Ist Dienen und Führen also ein Gegensatz? Mitnichten: Das eine geht nicht ohne das andere. Führung ist kein Selbstzweck, auch wenn es bei manchen, die als Führungskräfte vorwiegend Bewunderer um sich scharen, den Anschein hat. Führung von Mitarbeitern ist Dienst am anderen und für den anderen. Das ist nicht moralisch gemeint, es ist einfach die Quintessenz des gewählten Berufs. Die Performanz einer Führungskraft definiert sich, und das kann nicht deutlich genug betont werden, ausschließlich durch die Performanz der zu führenden Mitarbeiter. Ohne die Erfolge der Mitarbeiter gibt es keine erfolgreiche Führung.

Führen in diesem Verständnis verschiebt fundamental die Perspektive: Was tue ich, um den Menschen, mit denen ich zusammenarbeiten darf, geeignet zu dienen? Wie kann ich sie bestmöglich unterstützen? Wie kann ich andere befähigen und fördern? Nicht: Was bekomme ich von meinen (!) Mitarbeitern, sondern: Was kann ich geben, damit andere ihr Bestes geben können? Das lässt beide Seiten erfolgreich sein. Den eigenen Nutzen als Folge der Dienstleistung für andere begreifen. Quasi eine Umkehrung der Ansprüche im Unternehmen. Eine solche Führung verzichtet also nicht darauf, den Zweck der unternehmerischen Veranstaltung im Fokus zu haben, aber sie ist dienend. Sie dient in einer klugen, aber nicht immer einfachen Balance zwischen dem Unternehmen und den Menschen.

Natürlich hat diese Form der Führung auch ihren Preis. Und der liegt im Verzicht. Im Verzicht auf Überflüssiges, z. B. narzisstische Bedürfnisbefriedigung. Oder etwas konkreter: Verzicht auf Selbstüberschätzung, Selbstinszenierung oder Selbstoptimierung. Ein wenig tröstet die Selbsterkenntnis, dass man trotz einer Führungsrolle nicht das Maß aller Dinge ist. Eine dienende Führungskraft tritt zurück, denn sie weiß um eigene Grenzen. Eine dienende Führungskraft verzichtet darauf, hierarchisch zu denken, um das eigene Ego zu feiern, und stellt den anderen in den Mittelpunkt ihrer Aufmerksamkeit. Letzteres beschreibt Rupert Lay so treffend mit dem Wort Alterozentrik. Es ist das im allgemeinen Sprachgebrauch verlorengegangene Pendant zur Egozentrik. Es ist die Bereitschaft, von eigenen Bedürfnissen, Erwartungen, Interessen abzusehen und vom anderen, vom Mitarbeiter aus zu denken. Wer sich nicht in andere Menschen hineinversetzen kann, steht schnell allein da.

Was folgt nun aus diesen Vorüberlegungen für die eigene Führungsarbeit? Robert K. Greenleaf hat Servant Leadership im klassischen Sinne nie wirklich definiert. Er hat

Was kann **ich geben,**
damit **andere**
ihr Bestes geben
können?

einen anderen Weg der Konkretisierung gewählt, den offensichtlich auch Götz Werner, Gründer der dm-Drogerie-Märkte, favorisiert: „Alles beginnt mit der richtigen Frage. Fragen entfachen Bewusstsein, Antworten beenden es, denn sie machen alles klar. Wer dienen will, nimmt stets eine fragende, eine wachsame, eine aufgeschlossene Haltung ein." Robert K. Greenleaf stellte in diesem Sinne einige Fragen, die deutlich werden lassen, worum es ihm mit dienender Führung vermutlich ging:

1. In welcher Weise wachsen die Mitarbeiter, denen ich diene, als Menschen?
2. Werden sie gesünder, weiser, freier und selbstverantwortlicher?
3. Wollen sie selbst auch dienend führen?
4. Welche Konsequenzen sind für die weniger Privilegierten wahrnehmbar?

Insbesondere die ersten beiden Fragen zeigen, was möglicherweise für Greenleaf den Kern eines dienenden Führungsverständnisses ausmacht: Wachsen Menschen an meiner Seite? Haben sie eine reelle Chance, größer zu werden, sich zu entwickeln und zu lernen? Nicht weil ich als Führungskraft primär defizitorientiert auf meine Mitarbeiter schaue, sondern weil es mir gelingt, ihre Potenziale, ihre Stärken zum Vorschein zu bringen. Nicht in einer Pädagogen-Diktion von oben herab, sondern verwirklicht durch einen Dialog auf Augenhöhe. Nicht als Belohnung für Wohlverhalten, sondern aus einer Haltung, die bedingungslose Zuwendung den Mitarbeitern gegenüber zum Ausdruck bringt.

Diese Haltung muss Ihnen, den Leserinnen und Lesern, nicht unbedingt gefallen. Aber dann überlegen Sie genau, ob die Aufgabe, Menschen zu führen, Ihren Alltag bestimmen sollte. Wem die Menschen, die ihm oder ihr anvertraut sind, nicht wichtig sind, kann nicht führen. Wir dürfen davon ausgehen, dass Menschen ein feines Gespür dafür haben, ob ein anderer sich aufrichtig für sie interessiert. Dieses zwischenmenschliche Interesse als Dienst am anderen ist die Grundlage erfolgreicher Unternehmen. Die Forscher Suzanne J. Peterson, Benjamin M. Galvin und Donald Lange haben im August 2012 eine interessante Untersuchung veröffentlicht: *CEO Servant Leadership: Exploring Executive Characteristics and Firm Performance.* Darin erwies sich der Führungsansatz Servant Leadership (gemessen anhand eines Servant Leadership Surveys von Liden et al.) als der Prädikator für den Unternehmenserfolg (Gesamtkapitalrentabilität). Mittlerweile liegen eine ganze Reihe an Befunden vor, dass Servant Leadership zudem die Teamleistung in signifikanter Weise steigert.

Wie bei jedem Führungsansatz besteht natürlich auch bei dienender Führung die Gefahr, Ansprüche einzufordern, die den Einzelnen überfordern. Mag sein. Aber brauchen wir nicht Ideale, die uns aus der Komfortzone locken? Die uns eine Zukunft ermöglichen, die nicht nur eine stete Verlängerung des Heute ist? Richard von Weizsäcker hat das einmal klar auf den Punkt gebracht: „Am Ideal gemessen versagt die Wirklichkeit. Aber was wäre das für eine traurige Wirklichkeit, wenn sie aufhören würde, sich nach dem Ideal zu orientieren und nach der Wahrheit zu fragen?“

Vielleicht hilft es ja schon, mit dem zu dienen, was jedem von uns als Persönlichkeit gegeben ist, unseren Fähigkeiten und unseren Kompetenzen. Das setzt die permanente Analyse eigener Begabungen und leider auch Begrenzungen voraus. Erst durch diese Form der intensiven Auseinandersetzung mit sich selbst und der Führungsrolle entwickelt sich die notwendige psychische Reife, um die eigenen Bedürfnisse wenigstens für einen Moment lang hinten anzustellen. Nur so gelingt dienende Führung als Beitrag zur Leistung anderer. //

+ Anregungen zur Reflexion

Als Chefin oder Chef

Bitte fragen Sie sich aufrichtig: Was sind Ihre Mitarbeiter für Sie? Ressourcen zur Erreichung der Unternehmensziele oder … was …? Lassen Sie den Erfolg eines Mitarbeiters auch zu, wenn das zu Ihren Lasten geht?

Als Mitarbeiterin oder Mitarbeiter

Fragen Sie sich eher, was kann ich nehmen oder was kann ich geben? Was haben Sie im beruflichen Kontext in den letzten Monaten gegeben – ohne die Erwartung einer Gegenleistung? Dienen Sie Ihren Kollegen oder dienen die Kollegen Ihnen? Wie würden Ihre Kollegen diese Frage beantworten?

WEITERENTWICKLUNG • ERSTMALIGKEIT • ZEIT-RÄUME

Innovation matters!

Innovativ werden Menschen nicht durch Appelle, sondern durch eine Umgebung, in der Kreativität freigesetzt und belohnt wird.

Mit wachsendem Wettbewerb in unserer globalisierten Wirtschaft wächst auch die Notwendigkeit, innovativ zu sein. Es genügt nicht, wenn Unternehmen einfach nur dafür arbeiten, das erreichte Niveau zu halten. Sie müssen zu permanenter Weiterentwicklung und zu fortgesetzter Erneuerung bereit sein.

Wenn Sie jetzt leicht aufstöhnen, liebe Führungskräfte, weil diese Aussagen zum trivialen Bestandteil Ihres Selbstverständnisses gehören, so befinden Sie sich in großer Gesellschaft. Die im ersten Absatz formulierten Behauptungen gehören nämlich längst zum festen Inventar zustimmungspflichtiger Überzeugungen. Wer sie in Vorstands- oder Geschäftsführungssitzungen von Zeit zu Zeit wiederholt, kann Einmütigkeit genießen. Nicht zuletzt, weil viele halbwegs funktionierende Unternehmen sich selbstverständlich für kreativ und innovationsfreudig halten.

In der Regel blicken sie, mehr oder weniger selbstgefällig, auf eine Reihe gelungener Anpassungsprozesse zurück. Haben wir nicht erst im letzten Jahr wieder eine Restrukturierung hingelegt, die uns die Tränen in die Augen getrieben hat? – Und das neue IT-System! Ich sage: Ohne diese Investition gäbe es uns längst nicht mehr!

In vielen Unternehmen, deren Schicksal wir mit Anteilnahme verfolgen, herrscht die Überzeugung, nur dann noch Zukunft zu haben, wenn sie unter Schmerzen und meist auf Kosten der in ihnen arbeitenden Menschen permanent verkleinert und vergrößert, umorganisiert, geteilt oder anderen angeschlossen werden. Wer die Verantwortlichen nach Erfahrungen mit solchen Prozessen fragt, bekommt zahlreiche Beispiele für gelungene und misslungene Projekte zu hören. Deutlich wird dabei: Fortschrittlich zu sein, heißt in den Köpfen vieler Manager vor allem, Veränderungen zu initiieren, die auf Erhöhung von Effizienz und Effektivität zielen. Sie mögen in bestimmten Phasen eines Unternehmens notwendig sein, aber verdienen sie auch das Prädikat „innovativ"?

Die Bedeutung dieses Begriffs scheint eine Frage der Generation zu sein, die ihn verwendet. Wer am Ende seiner Laufbahn vor allem daran interessiert ist, Bewährtes zu bewahren, findet vermutlich alles, was dabei hilft, hinreichend innovativ. Wer im Management Ergebnisverantwortung trägt, hat wirtschaftliche Parameter im Blick und empfindet als innovativ, was die Kosten senkt und den Ertrag erhöht. „Innovatives" Denken endet dann meist bei der Frage, welche Funktionen verzichtbar oder delegierbar sind – und deshalb eingespart werden können. Nur so ist ja die ungebrochene Tendenz erklärbar, Strukturen immer weiter zu verschlanken, Teams zu verkleinern, Dienstleistungen auszulagern oder zuzukaufen. Und wer der jüngeren Generation angehört, wird unter Innovation etwa die Nutzung der jeweils aktuellen digitalen Technologie verstehen.

Was ist an all dem wirklich „innovativ"? Kann man, zum Beispiel, eine durch regulatorische oder wirtschaftliche Zwänge begründete Anpassungsleistung als Innovation bezeichnen? Nein. In vielen Fällen geht es nur darum, auf allgemeine Entwicklungen oder Vorgaben zu reagieren. Innovativ wären solche Schritte dann, wenn sie zu bisher unbekannten Geschäftsmodellen führen würden. Wikipedia zufolge, wo in dem passenden Artikel natürlich unvermeidlich Bezug auf Joseph Alois Schumpeter genommen wird, ist Innovation ein willentlicher und gezielter Veränderungsprozess hin zu etwas Erstmaligem, „Neuem“, das entsteht, wenn Produktionsfaktoren auf eine neuartige Art und Weise kombiniert werden oder wenn neue Ideen entstehen und Erfindungen gemacht werden.

Große Kraftwerke zu schließen und auf fossile Erzeugung von Strom zu verzichten, wäre demnach keine Innovation. Eine in der Folge der Umstellung entwickelte Speichertechnologie für ökologisch erzeugten Strom, könnte es sehr wohl sein. Ein Auto mit Batteriestrom fahren zu lassen, wäre nicht innovativ, weil seit Langem möglich. Fahrzeuge mit dauerhaft leistungsstarken Batterien aber so effektiv durch ein Netzwerk von Ladezonen zu steuern, dass Elektromobilität auch auf Langstrecken möglich wird, wäre es schon.

// Kreativität kann man nicht organisieren

Innovation bedingt, wie gesagt, den Schritt hin zu etwas Neuem. Es geht eben nicht um ein Mehr-oder-weniger-Desselben, sondern um den gedanklichen Schritt, der über das Bestehende hinausführt. Und das heißt: Es geht um Menschen, die solche

Schritte zu gehen in der Lage sind. Wir sprechen hier von Kreativität und damit von einem Potenzial, das unserer Erfahrung nach viel beschworen, aber nicht im gleichen Maße gefördert und genutzt wird. Zwar würde sich wohl kein Unternehmen freiwillig als unkreativ outen, aber wir erleben erstaunlich wenige, die zu diesem Thema ein irgendwie erkennbares Konzept verfolgen oder Kreativität wenigstens für wichtiger halten als die sorgfältige Einhaltung von Vorschriften.

Dabei ist es nicht so selten, dass gerade in Firmen, die halbwegs erfolgreich vor sich hindümpeln, unversehens jäher Ehrgeiz erwacht und der innige Wunsch entsteht, es den Vorreitern der eigenen Branche zu zeigen oder es ihnen wenigstens gleichzutun. In der Folge ergehen zumeist ermunternde Aufforderungen von oben nach unten. Die Begriffe Kreativität und Innovation werden mit allerhöchstem Trompetenschall in den betrieblichen Adelsstand erhoben – nur um schon wenig später in der Bedeutungslosigkeit einschlägiger Leitbilder zu verenden. Dort wird zwar in tapferem Indikativ Präsens behauptet: „Wir sind kreativ“, aber das bewirkt leider nichts. Kreativität entsteht nicht durch die noch so nachdrückliche Aufforderung der Unternehmensleitung, kreativ zu sein.

Auch nicht durch den urdeutschen Versuch, Kreativität zu organisieren. Die häufigste Variante organisierter Kreativität ist das sogenannte betriebliche Vorschlagswesen. Bereits das semantische Gewicht dieses Begriffs lässt erahnen, was mit den Ideen geschieht, die unter seine Wucht geraten. Da solche Programme

Es geht
um den gedanklichen
Schritt, der **über**
das Bestehende
hinausführt.

in den meisten Fällen nach kurzer Zeit zur Verwaltung strukturierter Einfallslosigkeit verkommen, scheint es zutreffender, vom betrüblichen Vorschlagswesen zu sprechen.

Fassen wir zusammen: Kreativität kann weder angeordnet noch „herbeiorganisiert“ werden. Sie muss „von selbst“ entstehen, was sie auch tut, wenn bestimmte Voraussetzungen erfüllt sind. Ein Unternehmen, in dem die Mehrheit der Mitarbeiter darauf spezialisiert ist, auf Anweisungen von oben zu warten, oder in dem das Handlungsziel vor allem darin besteht, Vorschläge akribisch zu verwalten, erfüllt sie in der Regel nicht. Viele Unternehmen haben erkannt, dass sie im Grunde zwei Dimensionen berücksichtigen müssen, um Kreativität freizusetzen: die Umgebung, in der gelebt und gearbeitet wird und die Einstellung, mit der gelebt und gearbeitet wird. Anders gesagt: Es geht um die Öffnung eines äußeren und eines inneren Raums als Voraussetzung für Innovationskraft.

Bleiben wir zunächst beim äußeren Raum, also der konkreten Umgebung im Unternehmen. Ob das Großraumbüro besser ist als eine Mönchszellen-Struktur, ob offene Arbeitsfelder bevorzugt werden oder feste Arbeitsplätze mit klaren Reviermarkierungen sei dahingestellt – wir wollen hier keine Grundsatzdebatte führen. Eines lässt sich aber feststellen: Offene Strukturen, die es ermöglichen, schnell zueinander zu finden, den Austausch fördern und Zusammenkünfte in unterschiedlicher Zusammensetzung und Größe zulassen, dürften von Vorteil sein.

Das Produkt aus Infrastruktur und praktizierter Meetingkultur spiegelt den Wert wider, den ein Unternehmen der Vernetzung seiner Mitarbeiter beimisst. Im Alltag müssen „Gelegenheiten" entstehen, in denen Ideen interaktiv entwickelt und ausgetauscht werden können. Das ist mit der Formulierung vom äußeren Raum gemeint. Er bildet eine Voraussetzung, keine Garantie für Kreativität. Wenn die Routine des Alltags diesen Raum nämlich bis zum letzten Quadratzentimeter und bis zum letzten Augenblick ausfüllt, so bleiben weder Platz noch Energie, über Bestehendes hinaus zu denken. Deshalb gilt: Kreativität braucht einen Schutzraum, um gedeihen zu können. Viele Unternehmen sind längst dazu übergegangen, Biotope für die notwendige Evolution zu entwickeln: Sie schaffen Thinktanks, Zukunfts- und Denkwerkstätten, Labore und ganze Teams, die vom Alltagsgeschäft entbunden und mit besonderen Ressourcen ausgestattet werden.

Andere investieren in das Thema, indem sie Zeit-Räume öffnen. Wir alle kennen natürlich die einschlägigen Beispiele aus Technologieunternehmen wie Apple, Google, Amazon, HP, Microsoft u. a. Das berühmteste ist Google, wo jeder Mitarbeiter, dem Vernehmen nach, gehalten ist, während 20 Prozent seiner Arbeitszeit „eigene Projekte zu überlegen oder an neuen Ideen zu feilen". Überhaupt setzen moderne Technologieunternehmen Benchmarks, wenn es darum geht, Voraussetzungen für die kreative Elite zu schaffen. Sie wollen nicht nur Arbeitsplatz, sondern bevorzugter Teil des Lebens ihrer Mitarbeiter sein und legen sich deshalb alles zu, was das Leben angenehm macht: bunte, abwechslungsreich gestaltete Räumlichkeiten, die sich auf vielfältige Art und Weise nutzen lassen, kostenlose, gesunde Ernährung, Equipment für Spiel, Sport, Entspannung, Dienstleistungsangebote vom Wäscheservice bis zur Nackenmassage – alles nur, um Kopf und Bauch von allem zu entlasten, was die kreative Energie behindern könnte. Diese Unternehmen betrachten solche Elemente und Maßnahmen als Voraussetzung dafür, inneren Raum zu schaffen.

Wer an dieser Stelle unserer Überlegungen den Blick hebt, sich im eigenen Haus umschaut und überall graue Tristesse, an Käfighaltung erinnernde Bürofluchten und Kantinen sieht, die vor allem dazu dienen, den Designstandard der 1970er-Jahre sorgfältig für nachfolgende Generationen zu konservieren, sollte mit Recht an der Innovationskraft seines Unternehmens zweifeln. Wo gibt es Orte, die zu spontanen Zusammenkünften und ungeregelten Gesprächen anregen? Selbst wenn das Flair Ihrer Kantine den Impuls, sich dort mit anderen zu treffen, nicht als völlig abwegig erscheinen lässt, haben Sie keine Chance. Pünktlich um 13.30 werden die Stühle hochgestellt und die Türen verschlossen. Personalkosten einzusparen ist wichtiger, als einen Ort zu schaffen, an dem man zu jeder Tageszeit mit anderen formlos zusammenkommen kann, um beim Kaffee Ideen zu entwickeln.

Schließen Sie einen Augenblick die Augen und geben Sie sich einer inspirierenden Tagträumerei darüber hin, wie es ganz anders sein könnte, wie es eigentlich bei Ihnen aussehen sollte ... Sehen Sie ein attraktives Bild vor Ihrem inneren Auge auftauchen? Folgen Sie ihm! Es ist die Keimzelle für kulturelle Innovation!

Technologieunternehmen, so haben wir behauptet, geht es mit ihren vielfältigen Angeboten weniger um den äußeren als um den inneren Raum. Mit all dem Aufwand, den sie treiben, soll eine bestimmte Haltung gefördert werden. Die Botschaft lautet: Klar, ihr müsst unser Business am Laufen halten und sollt Spaß daran haben, aber das darf nicht alles sein. Euer wichtigster Auftrag besteht darin, über den Status quo hinauszudenken. Die Leitfragen, über die Ihr bei der Massage nachdenken sollt, lauten: Was wäre wenn wir …? – und: Wie könnten wir das hinkriegen …?

// Führungshandeln ist kommunikatives Handeln

Noch viel mehr als durch eine einfallsreiche Einrichtung unterscheiden sich kreative Unternehmen deshalb von anderen, dass sie bei ihren Mitarbeitern den Mut fördern, ihren eigenen Einfällen und Ideen zu trauen und ihren Impulsen zu folgen.

Die Innovationsbilanzen der Unternehmen, die dafür beispielhaft sind und die durchweg der New Economy angehören, können sich sehen lassen. Wir alle kennen die Geräte, Internetplattformen, Dienstleistungen, Apps und Programme, die Bestandteil unseres Lebens geworden sind, deshalb brauchen wir sie hier nicht eigens aufzuzählen. Der Mut und die Freude daran, kühn zu denken, ist aber nur der Anfang. Es braucht mehr. Zum Beispiel die wiederkehrende Erfahrung, dass und wie aus einer Idee etwas Konkretes wird. Wer Ideen nur für die Schublade produziert, hat bald keine mehr.

Innovative Unternehmen entwickeln deshalb Verfahren, mit denen Ideen schnell und leicht umgesetzt werden können. Der Gedanke dahinter ist einfach: Je kürzer der Zyklus ist, in dem man herausfindet, ob eine Idee funktioniert oder nicht, desto mehr Ideen kann man ausprobieren. Je geringer der Aufwand ist, den man treibt, desto weniger schmerzhaft fällt der Abschied von einer Idee aus. Es geht also keineswegs darum, einen Vorschlag so lange zu diskutieren und durchzuplanen, bis jedes Risiko ausgeschlossen ist und der sichere Erfolg kurz und bündig auf 114 Charts dargestellt werden kann. Es geht darum, Dinge schnell und mit vertretbarem Aufwand umzusetzen, um möglichst früh zu sehen, ob sie funktionieren oder nicht. Frederik Pferdt, ein Manager, der bei Google für kreative Prozesse verantwortlich ist, bringt das in der Zeitschrift *brand eins* auf den Punkt: Man solle kühn denken, aber in kleinen, konkret machbaren Schritten beginnen.

Natürlich muss auch das Scheitern von Ideen von vornherein mit einkalkuliert werden. Es mag für alle, die sorgsam ihre Siegermentalität pflegen, seltsam klingen, aber: Innovativ zu sein, bedeutet oft zu scheitern. Anders gesagt: Innovation ermöglicht derjenige, der immer wieder Dinge ausprobiert, auch wenn viele nicht funktionieren. Unternehmen, die das verstanden haben und sogar fördern, werden mit einer Art kulturellem Bonus belohnt: Sie entwickeln mehr Resilienz als andere, also die Fähigkeit, Niederlagen zu verkraften. Experimente, die misslingen, aber als Lernfelder genutzt werden, stärken die Bereitschaft, weiterzumachen oder immer wieder neu zu beginnen. Sie fördern die unverzichtbare Ausdauer.

Jodi Goldstein vom *Harvard Innovation Lab* betont diesen Gedanken und macht auf die Notwendigkeit aufmerksam, Themen langfristig zu verfolgen. Es geht weniger darum, einen plötzlichen Durchbruch zu erhoffen, als darum, kontinuierlichen Fortschritt durch eine fortgesetzte Abfolge von Versuchen und Irrtümern zu erzielen. Ohne Zweifel gibt es zahlreiche Innovationen, die als Revolution wahrgenommen werden und ganze Branchen umkrempeln. Erinnern Sie sich an Apples ersten Einsatz einer berührungsempfindlichen Oberfläche im iPhone? Leicht übersehen wird, was solch einem Durchbruch vorausgeht – vor allem in den Planungsabteilungen und Laboren des Unternehmens. Das glorreiche Ergebnis setzt lange Arbeitsprozesse voraus, die von Erprobungen, Hoffnungen, Annahmen, Fehlschlägen und neuen Annahmen geprägt waren. Die Annäherung an das gewünschte Ergebnis erfolgte letztlich Schritt für Schritt. Auch wenn wir sie in der Öffentlichkeit als Paukenschlag wahrnehmen: Jede technische Revolution setzt eine lange Evolution voraus.

Wenden wir uns einem letzten Punkt zu: Welche Rolle spielen Führungskräfte bei der Entfaltung von Innovationskraft? Führungshandeln ist kommunikatives Handeln. Im Zentrum steht also vor allem die Frage, wie die Chefin oder der Chef auf Initiativen, Vorschläge und Anregungen der eigenen Mitarbeiter reagiert. Man muss nicht an besonders prominente Vertreter ihrer Zunft wie Steve Jobs und Larry Page denken, um zu verstehen, wie solche Führungskräfte auf jeder Ebene Kreativität begünstigen und fördern – oder auch mit leichter Hand verhindern können. Dabei geht es weniger um das, was sie als ihr Credo verkünden, denn natürlich hält sich jeder für den geborenen Förderer alles Wahren, Guten und Schönen. Es geht vielmehr um ihr unwillkürliches Verhalten im Alltag. Kreativität setzt eine bestimmte Atmosphäre voraus, und die ist nun einmal anfällig für Störungen. Dazu zählen wir ein dominantes oder bevormundendes Verhalten der Führungskraft ebenso wie die Vernichtung aufkeimender Ideen durch voreilige Kritik, abfällige Bemerkungen, Besserwisserei oder unangebrachte Ironie.

Wer ein kreatives Klima schaffen und fördern will, muss lernen, in angemessener Weise auf die Ideen anderer Menschen zu reagieren. Erlaubt ist alles, was dazu ermuntert, weitere Ideen zu produzieren und sie umzusetzen. Verboten ist es, mit Einwänden zu reagieren. Kritik ist erlaubt und hilfreich, aber es kommt auf sprachliche Feinheiten an. Kritik sollte stets so formuliert werden, dass sie nach vorne weist und keine Rechtfertigung auslöst. Also statt: „Ja, aber das wird ganz schön kostspielig, oder?“, lieber: „Vielleicht sollten wir uns die notwendigen Investitionen noch genauer ansehen?“ Statt: „Warum haben Sie das und das nicht berücksichtigt?“, lieber: „Guter Vorschlag! Was halten Sie davon, wenn wir uns noch ein paar Gedanken hierzu und dazu machen?“

Aufgabe einer Führungskraft ist es nicht, kreative Prozesse durch Einwände ins Leere laufen zu lassen. Aufgabe der Führungskraft ist es erstens, unterschiedliche Menschen zusammenzubringen und in einen produktiven Prozess einzubinden, zweitens: zu jeder Zeit die wichtigen Fragen zu stellen und drittens: Blockaden zu identifizieren und aus dem Weg zu räumen. Die wichtigste Voraussetzung jedoch, die ein Chef oder eine Chefin mitbringen muss, liegt auf einer ganz anderen Ebene. Sie hat mit der eigenen Persönlichkeitsstruktur zu tun und mit dem, was man Selbstwertgefühl nennen kann.

Nur Menschen, die ihren eigenen Wert kennen und ein entsprechendes Maß an innerer Sicherheit entwickeln, können darauf verzichten, permanent Beweise ihrer Macht und Überlegenheit zu liefern. Nur solche Menschen sind in der Lage, die Ideen anderer gelten zu lassen und zu fördern.

Um Innovationskraft zu entwickeln, braucht ein Unternehmen Führungskräfte, die ertragen können, dass andere neben ihnen wachsen und groß werden, sie vielleicht sogar überragen. //

+ Anregungen zur Reflexion

Als Chefin oder Chef

Beschreiben Sie aus dem Stand die letzten fünf Vorschläge/Ideen, die Ihre Mitarbeiterinnen und Mitarbeiter Ihnen gegenüber geäußert haben. Wie viele haben Sie wie weiter verfolgt bzw. umgesetzt? Wenn Ihnen keine einfallen und/oder nichts umgesetzt wurde: Was machen Sie falsch?

Als Mitarbeiterin oder Mitarbeiter

Wann haben Sie das letzte Mal eine wirklich gute Idee gehabt und im Unternehmen eingebracht? Was haben Sie dafür getan, dass andere diese Idee verstehen und gut finden konnten? Wie könnten Sie persönlich eine Kultur unterstützen, in der es Spaß macht, viele Ideen zu entwickeln?

Nach fest kommt ab – Effizienz und ihre Folgen

Wer es mit dem Effizienzdenken übertreibt, trägt zur Ineffizienz des Unternehmens bei.

INSPIRATION • SLACK • FREIRÄUME

In Wahlkampfzeiten werden Probleme von Unternehmen zuweilen Chefsache. „Es geht jetzt erst einmal darum, dass ausgebildetes Personal da ist und dass man daran arbeitet, diese Personaldecke so auszustatten, dass auch in Krankheits- und Urlaubsfällen nicht jedes Mal Tausende von Menschen leiden müssen", so Angela Merkel gegenüber *Phoenix* im August 2013. Grund dieser ungewöhnlichen und öffentlichen Intervention war die Situation im Mainzer Stellwerk der Deutschen Bahn. Wegen massiven Personalmangels war Mainz damals wochenlang vom Fernverkehr abgekoppelt. Die Schelte der Regierungschefin zeigte Wirkung: Bis zu 1.500 neue Fahrdienstleiter sollten laut Rüdiger Grube, dem damaligen Chef der Deutschen Bahn, in den folgenden fünf Jahren eingestellt werden. Die Kunden der Bahn wird diese Ankündigung sicher gefreut haben.

Leider ist die Deutsche Bahn mit ihrem Ansatz kein Einzelfall. Straffung, Optimierung und Rationalisierung ist nicht erst seit den Zeiten von Lean Management und Just-in-Time-Produktion für viele Manager das Gebot der Stunde. Mehr noch: Effizienz ist das entscheidende Paradigma unseres Handelns geworden. „Effizienz ist das ganz große Wort unserer Zeit. Es wird nie angefochten, nie in Frage gestellt. „Niemand würde im Ernst für Ineffizienz streiten", schreibt der *SPIEGEL*-Redakteur Dirk Kurbjuweit. Das macht es natürlich schwer, gegen übertriebene Effizienz anzuschreiben. Und selbstverständlich gibt es zahlreiche Beispiele, in denen mangelnde Effizienz dazu geführt hat, dass Unternehmen vom

Markt verschwunden sind. Dennoch lohnt die Frage: Welchen Preis bezahlen wir für überzogene Effizienz?

Interessanterweise werden die Kosten einer reinen Sparsicht verdrängt. Unter dem Druck des Markts werden, nicht selten beraterinduziert, Effizienzpotenziale gehoben. Im Klartext: Investitionen werden verschoben, Prozesse gestrafft oder gleich ganz outgesourct, und Mitarbeiter dürfen im großen Stil gehen (nicht wenige werden später schmerzlich vermisst). Die Folgen dieser unternehmerischen Schwindsucht beschreibt Heike Bruch von der Universität St. Gallen sehr nachdrücklich:

1. Überlastung. Den Mitarbeitern fehlen Zeit und Ressourcen, um die ihnen zugewiesenen Aufgaben qualitativ und termingerecht zu bewältigen.
2. Mehrfachbelastung (auch Multibelastung). Die Vielzahl der übertragenen Aufgaben/Projekte erhöht die Komplexität und damit den Koordinationsaufwand.
3. Dauerbelastung. Stress wird zum Dauerzustand und nimmt damit den Mitarbeitern jede Hoffnung auf erforderliche Erholungsphasen.

Im Ergebnis wird Kooperation im Unternehmen zur Ausnahme. Konflikte und damit Transaktionskosten nehmen zu. Und in sozialen Netzwerken lässt sich verfolgen, wie schnell die Attraktivität derartig überbeschleunigter Unternehmen sinkt.

Warum tun sich Unternehmen das an? Weil es alle so machen? Vielleicht. Weil Kostensenkung als Ersatz für eine Strategie gesehen wird? Vielleicht. Weil man einmal damit begonnen hat und jetzt die Devise gilt: mehr vom selben? Vielleicht. Weil Berater das verkaufen, was sie können? Vielleicht. Weil die mittelfristigen Folgekosten auf Seiten der Mitarbeiter im Vergleich zu den kurzfristigen Einsparpotenzialen nur schwer quantifizierbar sind? Sehr wahrscheinlich.

Die Messinstrumente zeigen, was im Unternehmen wichtig ist. Und vor allem was nicht. Trotzdem bleibt niemand, der sich ernsthaft Gedanken über die Zukunftsfähigkeit seines Unternehmens macht, von der Frage verschont: Wo verkehrt sich das Mantra der Effizienz ins Gegenteil? Vielleicht hilft es, der Effizienz einen Begriff zur Seite zu stellen: die Effektivität. Während Effektivität ein Maß für den Grad der Zielerreichung darstellt, ist Effizienz ein Maß für die Wirtschaftlichkeit auf dem Weg hin zur Zielerreichung.

Führungskräfte sind effektiv, wenn sie erfolgreich (im Sinne vereinbarter Leistungsparameter) sind. Dass sie dabei zuweilen über die Stränge schlagen, lässt sich nicht wirklich leugnen. Mit dem Firmenjet komme ich effektiv von A nach B. Ob das immer wirtschaftlich, geschweige denn legitim ist, das ist häufig eine ganz andere Frage. Deshalb ist es notwendig, die Effizienz nicht aus den Augen zu verlieren. Das Gegenteil gilt allerdings auch: Nur effizient ist ganz schön ineffektiv. Der alte Witz: „Schmeißen Sie alle Leute raus und Sie haben die Kosten im Griff!“ gilt auch hier.

// Slack

Und noch ein weiterer Begriff könnte helfen, das Thema Effizienz ausreichend zu beleuchten. Bereits 1938 machte sich Chester Irving Barnard Gedanken darüber, wie man Mitarbeiter in sozialen Systemen geeignet koordiniert. Er war Präsident der *New Jersey Bell Telephone* und hatte insofern ein praktisches Interesse an Fragen des geeigneten Ressourceneinsatzes im Unternehmen. Seine Gedanken griffen 20 Jahre später Herbert A. Simon und James G. March am *Carnegie Institute of Technology* auf und bezeichneten den Ressourcenüberschuss in Unternehmen mit der englische Bezeichnung Slack. Die daraus entstandene Slack-Forschung beschäftigte sich zunächst mit den positiven und negativen Folgen eines Ressourcenüberschusses für die Unternehmen. Mittlerweile widmen sich zahlreiche Forscher eher den Folgen eines Ressourcenmangels, dem sogenannten negativen Slack.

Slack kann man dementsprechend als Indikator für Ineffizienz ansehen oder eben auch als Ressource, die als Reserve oder Puffer Spielräume schafft, die sich positiv auf den Unternehmenserfolg auswirken. Als Beispiel für die positiven Effekte wird eine Verringerung der Wechselabsichten genannt, da Mitarbeiter weniger überlastet sind. Ebenso senkt Slack die Wahrscheinlichkeit politischer Verteilungskämpfe bei knappen Ressourcen. Zudem gibt es zahlreiche Forschungen, die belegen, dass Slack innovationsförderlich ist, da die Akzeptanz von Veränderungen bei vorhandener Absicherung höher ausfällt. Umgekehrt schränken knappe Ressourcen die Handlungsspielräume der Führungskräfte ein und reduzieren die Flexibilität der Organisation. Gerade in technischer Hinsicht sichern Puffer die unternehmerischen Kernaktivitäten gegen negative externe Effekte ab. Die Folgen von Covid-19 zeigen, wie ganze Lieferketten trotz oder gerade wegen Global Sourcing zusammenbrechen. Wenn China nur mit 60 bis 80 Prozent seiner Kapazität produziert, dann ist das in einer globalisierten Welt mittlerweile sehr viel gravierender als der berühmte Sack Reis.

Zusammenfassend kann man die positive Kraft des negativen Denkens auf das Thema Ressourcenüberschuss anwenden. Wir wissen zwar nicht, wie groß der optimale Slack in Unternehmen sein sollte, aber wir wissen durch die aktuelle Forschung ziemlich genau, dass Unternehmen, die mit unzureichenden Ressourcen ausgestattet sind, über kurz oder lang mit Einbußen in ihrer Unternehmensperformance rechnen müssen.

Falls Sie alles das noch nicht nachdenklich gemacht hat, könnte Sie vielleicht folgende interessante Untersuchung aufmerksam werden lassen. Was ist notwendig, um erfolgreich zu sein? Etwas, das von Managementtheorien seit Jahren beharrlich ignoriert wird: der Zufall. Alle großen Untersuchungen (z. B. Peters/Waterman: *Auf der Suche nach Spitzenleistungen*) kranken daran, dass viele Unternehmen nur für einige Jahre, bestenfalls ein Jahrzehnt, zu den Spitzenreitern ihrer Branche gehörten. Deshalb wollten Michael E. Raynor und Mumtaz Ahmed von Deloitte in ihrer Untersuchung den Zufall weitgehend eliminieren. Sie wählten dazu die größte zur Verfügung stehende Datenbank: diejenige der über 25.000 Unternehmen, die zwischen 1966

Nur effizient
ist ganz schön
ineffektiv.

und 2010 an der amerikanischen Börse notiert waren. Aus diesen filterten sie die paar Hundert Unternehmen heraus, deren Erfolg über einen hinreichend langen Zeitraum bewiesen war, und entdeckten dabei drei einfache Regeln, an die sich diese Unternehmen gehalten hatten (ich weiß, viele Leser werden spätestens jetzt skeptisch, aber bleiben Sie dran).

// Drei Regeln

Eines vorweg: Es geht nicht um eine besondere Kundenorientierung oder eine besondere Innovationsfähigkeit oder eine besondere Diversifikation oder um die berühmte Konzentration auf das Kerngeschäft. Es sind gerade einmal drei einfache Regeln:

1. Konkurrenz über den Preis sichert keinen dauerhaften Erfolg. Die Renditewunder zeichnen sich durch andere Unterscheidungsmerkmale aus.
2. Den Umsatz zu steigern ist wichtiger als Kosten zu senken! Und jetzt kommt das Beste:
3. Alles, was die Topunternehmen getan haben, zahlte auf die beiden genannten Regeln ein. Sonst nichts.

Natürlich kann es sinnvoll sein, ein Unternehmen auf Effizienz zu untersuchen oder sich von einzelnen Mitarbeitern oder Unternehmensteilen zu trennen. All das mag im

Einzelfall richtig sein, aber nur, wenn beide Regeln beachtet werden, wenn nicht ausschließlich Kosten das Mantra unternehmerischen Handelns sind. Es lohnt sich, unter dieser Perspektive, die eine oder andere einseitige Effizienzoffensive kritisch auf den Prüfstand zu stellen oder gar zu invertieren. //

+ Anregungen zur Reflexion

Als Chefin oder Chef

Schaffe ich explizit Freiräume, in denen die Mitarbeiter Zeit haben, über das Wichtige und nicht nur das Dringende nachzudenken? Nehme ich mir selbst zureichend Zeit, um über die täglichen Anforderungen hinauszudenken?

Als Mitarbeiterin oder Mitarbeiter

Ohne Inspiration keine Effektivität/Effizienz. Wer oder was inspiriert mich? Wann habe ich mich das letzte Mal für eine Veränderung des Bestehenden engagiert (statt das Bestehende zu beklagen)?

WISSENSMANAGER • TREIBER • ÜBERSETZER

Sandwich-
positionen

Es ist Zeit zu verstehen, wie wichtig das mittlere Management ist und dass der Unternehmenserfolg wesentlich von den Menschen abhängt, die dort Verantwortung tragen.

Das Wort verdanken wir letztlich Karl II. von England. Voller Dankbarkeit dafür, dass Admiral Montagu ihn nach dem Tode Cromwells aus dem niederländischen Exil nach England zurückgebracht hatte, so dass er mit 30 Jahren endlich zum König von England gekrönt werden konnte, beschloss er, ihn zum Earl of Portsmouth zu machen. Aus Gründen, die nicht überliefert sind, entschied er sich später, ihn doch lieber nach der kleineren Stadt Sandwich zu benennen. Ohne diese Sinnesänderung hätte der berühmteste Imbiss der Weltgeschichte, den sein Nachfahre John Montagu, der 4. Earl of Sandwich, im 18. Jahrhundert erfand, anders geheißen und die Engländer würden womöglich *Portsmouths* zum Tee reichen. Vielleicht würden wir deshalb heute in Unternehmen von der Portsmouth-Position sprechen. Zum Glück für deutschsprachige Manager ist es aber die Sandwichposition geworden, die, wenn auch nicht leichter auszufüllen, so doch leichter auszusprechen ist.

Es gibt Untersuchungen, die sich mit spezifischen Herausforderungen dieser Position beschäftigen. Die Dr. Jürgen Meyer Stiftung etwa befand, dass die verschiedenen Rollen, die Führungskräfte in ihr einnehmen müssen, zu Rollenkonflikten führen können. Die *Cologne Business School* sagt, in der Sandwichposition sei man gleichzeitig Leader und Follower, und die meisten hätten damit auch keine Probleme, wohl aber mit der Arbeitsbelastung, der sie sich ausgesetzt sähen.

Etwa 380.000 Führungskräfte auf Bereichs- und Abteilungsleiterniveau gibt es in Deutschland (Quelle: Hoppenstedt). Wahrscheinlich sind sie für ihre Unternehmen, was der deutsche Mittelstand für die deutsche Wirtschaft ist: eine Art Rückgrat. Was man so verstehen kann, dass sie nicht nur viel auf ihrem Rücken tragen, sondern auch, dass vieles auf ihrem Rücken ausgetragen wird. So sehen sie es jedenfalls selbst.

Wer diese Position kennt, weil er sie selber einnimmt, weiß in der Regel mit der Metapher des Sandwiches viel anzufangen. Eingeklemmt zwischen dem Topmanagement, also der Unternehmensführung, und den Mitarbeiterinnen und Mitarbeitern empfinden viele einen hohen Erwartungsdruck, der ihnen wenig Raum lässt. Wie es scheint, oftmals sogar zu wenig, um sich der eigenen Rolle bewusst zu werden. Die Journalistin Eva Buchhorn hat sie im *manager magazin* auf den Punkt gebracht: Kernaufgabe des mittleren Managements sei es, den Druck, der von oben kommt, in Mitarbeiterproduktivität zu verwandeln. Schöner kann man es nicht sagen.

Auf die mit dieser ehrenvollen Mission verbundenen Anforderungen sind viele Betroffene indes schlecht vorbereitet. Wo wird schon gelehrt, wie man mit der Spannung umgehen soll, die aus der Verpflichtung entsteht, Aufträge zu vermitteln, die man selbst für sinnlos hält? Wer zeigt in der Ausbildung, wie man die Verantwortung für das Erreichen von Zielen übernimmt, an deren Erreichbarkeit man gar nicht glaubt? Wie lernt man damit umzugehen, dass der Erwartungsdruck von oben und unten mitunter zwar gleich stark, die Erwartungen deswegen aber noch lange nicht kongruent sind und man deshalb schnell in das Dilemma gerät, dass nichts zueinanderpasst?

Manager, die in diese Position kommen, müssen sich in der Regel autodidaktisch aneignen, wie ihre Organisation „zu bespielen ist". Niemand zeigt ihnen vorsätzlich, wie man in einem bestimmten Unternehmen beispielsweise Entscheidungen organisiert oder den Kampf um Ressourcen gewinnt und welche entscheidenden Leute man zu welchem Zeitpunkt in einen Prozess einbeziehen muss. Einstöckiger gesagt: Man muss selbst sehen, wie man seine verdammten Ideen und Projekte durchbringt und dabei die eigenen Leute und den Chef nicht verprellt.

Ein einziges Unternehmen, ein Konzern, in dem wir viele Jahre gearbeitet haben, hat solche Anforderungen offiziell auch als Anforderungen kenntlich gemacht. Er hatte sie zumindest in das für Führungskräfte gültige Kompetenzprofil aufgenommen: Strategic influencing hieß das dort und Organizational awareness. Da in den meisten Unternehmen solche Begriffe fehlen, werden die damit benannten Kompetenzen gar nicht erst als Anforderungen wahrgenommen. Was sich im Mittelmanagement mehr rächt als anderswo.

Wer, wie wir, viele Führungskräfte des mittleren Managements trifft und ihnen zuhört, gewinnt den Eindruck, dass hier die Arbeitsverdichtung als besonders hoch empfunden wird. Man fühlt sich maximalen Ansprüchen ausgesetzt, was viele sogar motiviert. Aber man fühlt sich auch sehr alleingelassen, was der Motivation auf Dauer schadet.

Mit Blick auf den hierarchischen Aufbau fast aller Unternehmen lässt sich die generelle Aufgabenverteilung etwa so beschreiben: Der amtierende Vorstand oder die Geschäftsführung ist für die strategische Ausrichtung des Unternehmens, also den grundsätzlichen Kurs und die daraus ableitbaren Entscheidungen, verantwortlich. Ein Kapitän muss wissen, wohin das Schiff fahren soll! Und diese Verantwortung für den Kurs ist nicht delegierbar.

Das Management an der Basis ist für die konkrete Umsetzung, für die operative Exzellenz und die Abwicklung des Alltagsgeschäfts verantwortlich. Hier werden Qualität und Quantität sichtbar, hier liegt die wahre Ergebnisverantwortung. Kurz gesagt: Die auf der oberen Ebene bestimmen den Kurs, die unteren Ebenen setzen um. Die Frage ist: Was tun eigentlich die, die mittendrin sind? Werfen wir einen beherzten Blick zwischen die Scheiben des Sandwiches.

Mittelmanager haben vor allem eine Übersetzungsfunktion: Sie sollen erklären, wie die Strategie zu verstehen ist und wie man sie in konkrete Handlungen übertragen kann. Mit dieser Aufgabe ist ein besonderes Anforderungsprofil verbunden. Zunächst bedarf es eines gewissen Fingerspitzengefühls für wirtschaftliche, technische, soziale und politische Implikationen der Strategie. Welchen dieser Aspekte sollte man wo und wie erläutern, heraus- oder besser zurückstellen? Wer verschiedenen Interessensgruppen gerecht werden will, braucht diplomatisches Geschick und überhaupt alles, was einer gediegenen Verhandlungsführung dient.

Des Weiteren sollte man natürlich wissen, wie sich die eigenen Leute erreichen lassen, wie man sie, wenn es darauf ankommt, „packen“ und genügend lange bei der Stange halten kann. Eine vertiefte Kenntnis persönlicher Vorlieben und Eigenarten der tonangebenden Chefs kann ebenso wenig schaden wie ein gewisses Grundverständnis für Gesetze, die in der wundersamen Welt der Personalvertretungen gelten. All das reicht aber noch nicht. Mittelmanager müssen Meister des Erwartungsmanagements sein: Wie lassen sich die verschiedenen Ansprüche von oben und unten so steuern, dass das, was tatsächlich umgesetzt wird, auf beiden Seiten als Erfolg erlebt werden kann?

Damit der Bereichs- oder Abteilungsleiter in den Augen seiner nachgeordneten Kollegen nicht zum „Durchreicher“ degeneriert, muss er überdies noch einen eigenen Standpunkt zu den jeweiligen Inhalten haben, und zwar einen, der fachlich, politisch und menschlich glaubwürdig ist. Und schließlich: eine nicht zu knapp bemessene Frustrationstoleranz. Die Bereitschaft, Widersprüche und Paradoxien als wahre Würze des Lebens zu begreifen, hilft enorm beim Überleben in dieser Position.

Wer über all die genannten Anforderungen hinaus noch über ein großes Repertoire an erprobten sozialen Rollen verfügt (etwa die der kritischen Fachfrau, des klugen Consigliere, der moderaten Vermittlerin, des versierten Befehlshabers, der allen Stürmen trotzenden Galionsfigur usf.) ist für den Job gerüstet und kann getrost daran gehen, Katalysator für die neue Entwicklung, Sponsor für das neue Produkt und Leiterin des maßgebenden Projekts zu sein.

Die Bereitschaft, **Paradoxien** als wahre **Würze des Lebens** zu begreifen, hilft **beim Überleben** in dieser Position.

Dort, wo die geforderte Übersetzungsleistung von oben nach unten gelingt, wird im Ergebnis, also auf der operativen Ebene, konkret sichtbar, wie das, was einstmals strategisch erdacht wurde, eigentlich gemeint war. Was nicht selten auch für die Urheber der Strategie einen deutlichen Erkenntnisgewinn mit sich bringt. Der Vorteil: Sowohl die Kollegen oben als auch die unten in der Organisation können sich erfolgreich fühlen. Aber was ist mit denen in der Mitte? Wird die Leistung, die in der Sandwichposition erbracht wurde, gleichermaßen sichtbar? Bedauerlicherweise nicht. Im Nachhinein bleibt von dem Engagement der Übersetzungs- und Überzeugungsarbeit oft wenig wahrnehmbar. Wer erinnert sich angesichts der erreichten Ziele noch an den Aufwand, den es gekostet hat, Widerstände zu überwinden, die eigenen Leute zu gewinnen und mitzunehmen? Dabei kann das damit verbundene Investment in umstrittenen Projekten und ambitionierten Veränderungsprozessen sehr hoch und kräftezehrend sein. Nicht jeder ist in der Lage, den damit verbundenen Verschleiß angemessen zu kompensieren. So wundert es nicht, dass manche Führungskräfte des mittleren Managements *Lost in Translation* auf der Strecke bleiben.

Das einzige was hilft und fatalerweise am meisten fehlt, so sagen es alle Untersuchungen, ist Anerkennung. Und dabei geht es um mehr als ein aufmunterndes Wort. Nur in dem Maße, in dem es Wertschätzung und Anerkennung erfährt, werden die Leistungen des mittleren Managements für alle Beteiligten überhaupt spürbar und sichtbar – nicht zuletzt für die Handelnden selbst. Daran sollten sich gerade Topmanager hin und wieder erinnern, denn jeder, der die berühmte Erfindung von John

Montagu schätzt, weiß: Die Qualität dessen, was sich zwischen den Scheiben eines Sandwiches befindet, ist nicht auf den ersten Blick sichtbar, aber sie ist entscheidend dafür, was das ganze Ding wert ist. //

+ Anregungen zur Reflexion

Als Chefin oder Chef

Welche Vorteile hat es, in einer „mittleren Position“ zu arbeiten? Was genießen Sie daran? Was nicht? Möchten Sie mehr Entscheidungsspielraum haben? Wirklich? Was müssen Sie dafür tun?

Als Mitarbeiterin oder Mitarbeiter

Welche Vorzüge hat Ihr(e) Chef(in)? Was in der Führungsbeziehung sehen Sie kritisch? Wie und wann könnten Sie beides in angemessener Form zum Ausdruck bringen? Wenn Sie Chefin oder Chef wären, hätten Sie sich selbst gern im Team dabei? Warum? Warum nicht?

Eignung und Neigung

Personalauswahl und Personalentwicklung sind elementare Führungsaufgaben, die nicht delegiert werden sollten.

PERSONALENTWICKLUNG • LEISTUNG • PASSUNG

Am 19. November 1909 wurde in Wien ein Mann geboren, der vielen als Vater des modernen Managements gilt: Peter Ferdinand Drucker. Das *Wall Street Journal* hat Druckers Vermächtnis 2005 auf den Punkt gebracht: *It's All About The People*. Wörtlich schreibt er: „Im Management geht es um menschliche Wesen. Aufgabe des Managements ist es, Menschen zu gemeinschaftlichen Leistungen zu befähigen, ihre Stärken effektiver und ihre Schwächen bedeutungslos zu machen." Recht hat er. Natürlich. Wer würde denn als Führungskraft auf die absurde Idee kommen, Mitarbeiter im Rahmen ihrer Schwächen einzusetzen und Talente brachliegen zu lassen? Ja, wer würde so etwas machen?

Im Rahmen groß angelegter Untersuchungen konfrontiert das amerikanische Meinungsforschungs-Unternehmen *Gallup* seit Jahren Millionen Mitarbeiter in Unternehmen aus 63 Ländern mit einer einfachen Frage: „Haben Sie bei Ihrer Arbeit die Gelegenheit, jeden Tag das zu tun, was sie am besten können?" Das Ergebnis erstaunt auf den ersten Blick: Nur ca. 20 Prozent der Mitarbeiter haben das Gefühl, dass ihre Stärken jeden Tag genutzt werden. Nun mag man gegen derartige Befragungen das eine oder andere kritisch einwenden können. „Jeden Tag" ist ein hoher Anspruch. Tage, an denen man nicht gemäß der eigenen Begabung gefordert wird, gehören dazu. Das Leben ist kein Ponyhof. Auch die Grandiositätsfantasien einiger Mitarbeiter, die sich zu Höherem berufen fühlen und ihren Aufstieg als überfällig ansehen, mögen eine Rolle spielen. Die Liste solcher Faktoren ließe sich verlängern. Und trotzdem bleibt das Unbehagen, dass ein erheblicher Teil der Mitarbeiter in

Unternehmen ihr Produktivitätspotenzial nicht geeignet entfalten. Woran könnte das liegen und was ist zu tun?

// Personalauswahl ist elementare Führungsaufgabe

Führungskräfte und ihre Mitarbeiter könnten sich in der Praxis viel Leid und vergebliche Korrekturversuche ersparen, wenn die ureigenste Aufgabe der Führung, die Auswahl des Personals, nicht permanent delegiert werden würde. Nicht nur die agilen „HR Shared Services“ der Unternehmen sind damit letztlich hoffnungslos überfordert. Auch die Appraisal- und Audit-Fetischisten der Beraterzunft verheben sich, wenn es darum geht, Potenziale in künstlichen Laborsituationen perspektivisch zu diagnostizieren. Interne Assessment-Center-Formate, auch wenn sie optimistische Titel wie *Development Workshops* tragen, sind meist nichts als Verfahren zur Entmündigung der Führungskräfte. Blauäugig wird die Entscheidung für die Besetzung wichtiger Positionen externen Jungakademikern übertragen, und man ist als Führungskraft fein raus – aus der Verantwortung. Auch der Glaube an eine vermeintlich Künstliche Intelligenz, bei der mittels Sprachaufzeichnung aus angeblich „110 Millionen Parametern … faszinierende Auswertungen“ (Precire) möglich sind, erweist sich als evidenzfreie Hoffnung.

Über einen Nutzen im Einzelfall kann man vielleicht noch argumentieren, aber der Misstrauensvorschuss, der in der Haltung zum Ausdruck kommt, Führungskräfte seien ohne „professionelle“ Unterstützung nicht in der Lage, die Mitarbeiter nach

Nix
ist fix.

ihren Stärken zu beurteilen und einzusetzen, wird durch formalisierte Auswahlverfahren der Personalabteilungen zu einer sich selbst erfüllenden Prophezeiung. Dabei gibt es, wenn es um die Besetzung neuer Funktionen geht, ein Instrument, das in Wirkung und Treffsicherheit alle anderen deutlich übertrifft: die Probezeit. Außerhalb von Simulationslabors können hier die Mitarbeiter ihre Begabungen real unter Beweis stellen. Was könnte mehr Aufschluss über die Fähigkeiten eines Kandidaten geben, als zu sehen, wie er live und in Farbe den Alltag bewältigt und unter Stress reagiert?

// Personalentwicklung heißt, Leistung anderer zu ermöglichen

Hat man sich nun mit begründeter Hoffnung für einen Kandidaten entschieden, beginnt der echte Lackmustest erfolgreicher Führungsarbeit: die Personalentwicklung (sofern diese nicht an HR-Shared-Service-Center in Indien delegiert wurde). Sie kann Wirkung zeigen, wenn klar ist, was eigentlich entwickelt werden soll. Gemäß einer alten Formel ist Leistung ein Multiplikationsergebnis aus Wissen (Orientierung), Können (Fähigkeiten), Wollen (Motivation) und Dürfen (Möglichkeiten). Wenn Mitarbeiter „ihr Potenzial nicht entfalten können“, ist mindestens einer der Faktoren nicht zureichend ausgebildet und das Ergebnis der Multiplikation damit Null. Ersticken Mitarbeiter beispielsweise am internen Regelungs- und Kontrolltrieb, so stirbt zuerst die Motivation, anschließend sinkt das Interesse an neuen Entwicklungen und schließlich verkümmern die Fähigkeiten.

Wo liegen also, neben der Personalauswahl, die Hebel, um Leistung zu bewirken? Wahrscheinlich weniger in der Vorstellung der Führung, Motivation beim Gegenüber extrinsisch und dauerhaft „erzeugen“ zu können. Vieles wäre schon gewonnen, wenn vorhandene Motivation nicht durch ungeeignetes Führungsverhalten gemindert würde. Motivation bleibt beispielsweise erhalten, wenn der interne Rechtfertigungsdruck nachlässt, auf Kontrolle verzichtet wird, wenn Führung loslassen kann – jedenfalls weitgehend. Beide, Führung und Mitarbeiter, haben in jedem Fall eine gemeinsame Verantwortung, Lernen (Wissen und Können) zu ermöglichen.

Hier kommt wieder Drucker ins Spiel. Lernen heißt eben nicht, Freiheit von Schwächen anzustreben. Mitarbeiter gewinnen ihre Spiele mit ihren Stärken. Diese gilt es auszubauen und damit den Mitarbeitern die Chance zu geben, mit ihren Talenten wachsen zu können, statt an ihren Begabungsgrenzen zu verzweifeln. Letztlich gilt das auch für die Leistungsmöglichkeit, das Dürfen. Neben sinnvollen organisatorischen Voraussetzungen und dem täglichen (förderlichen oder hinderlichen) Einfluss der Führung, sind es die konkreten Ziele, Aufgaben und Projekte, in denen die Mitarbeiter vorrangig das tun können, was sie am besten tun können.

// Passung ist stete Prüfung

Leistungsstarke Mitarbeiter sind in erster Linie passende Mitarbeiter. Das gilt auch für Führungskräfte. Im besten Fall sind Anforderungen und Begabungen im Ein-

Leistungsstarke Mitarbeiter sind in erster Linie **passende Mitarbeiter.**

klang. Der Umkehrschluss hat ebenfalls Charme. Wer hat nicht schon Mitarbeiter erlebt, die Schwierigkeiten haben, die geforderte Leistung zu erbringen, und in einem neuen Umfeld plötzlich über sich hinauswachsen? Führungskräfte tun daher gut daran, die Passung permanent im Blick zu halten. Nix ist fix.

Die Herausforderungen ändern sich, die Präferenzen der Kunden, die gestern noch galten, sind heute bereits überholt. Es gibt keine Sicherheit, dass Leistungsträger unter veränderten Bedingungen auch in Zukunft reüssieren werden. Es scheint eher so, als würde die Zeitspanne, in denen sich die Eignung erfolgreich bewähren kann, immer kürzer. Das kann man bedauern oder als Chance begreifen. Zum Beispiel als Chance, gemeinsame Begabungsgrenzen zu dehnen oder rechtzeitig nach neuen Herausforderungen für die Mitarbeiter bzw. sich selbst zu suchen. Hier wird deutlich, dass dies nicht nur eine Aufgabe der Führung ist. Jeder Mitarbeiter und jede Führungskraft übernimmt klugerweise selbst die Verantwortung dafür, regelmäßig zu prüfen, ob er/sie auf dem richtigen und das meint passenden Spielfeld unterwegs ist.

Peter F. Drucker liegt mit seinem Appell, Stärken zu stärken, richtig. Führungskräfte finden darin eine ihrer größten Herausforderungen: fremde Talente entdecken und entfalten. Können Menschen durch mein Handeln wachsen und damit im Unternehmen ihr Bestes geben? Wenn das wenigstens zum Teil gelingt, zeigen Führungskräfte den größten Respekt, den man Mitarbeitern entgegenbringen kann, den Respekt vor ihrer Einzigartigkeit. //

+ Anregungen zur Reflexion

Als Chefin oder Chef

Sofern Sie noch institutionalisierte Mitarbeitergespräche führen, lohnt es sich, Ihren Mitarbeitern eine zusätzliche Frage zu stellen: „Gibt es in unserem Unternehmen Funktionsbereiche, wo Du vermutest, dass Deine Potenziale und Fähigkeiten wesentlich besser zur Geltung kommen? Natürlich mit einer kleinen Begründung: Nicht, weil ich mich von Dir trennen will, sondern weil die Passung eine der wichtigsten Führungsaufgaben ist."

Als Mitarbeiterin oder Mitarbeiter

Hier mag ein Rückgriff auf das Q12-Inventar von Gallup hilfreich sein: Habe ich bei der Arbeit (jeden Tag) die Gelegenheit, das zu tun, was ich am besten kann? Welche Potenziale, die ich mir zuschreibe, liegen brach? Wie und wo im Unternehmen könnte ich sie entfalten?

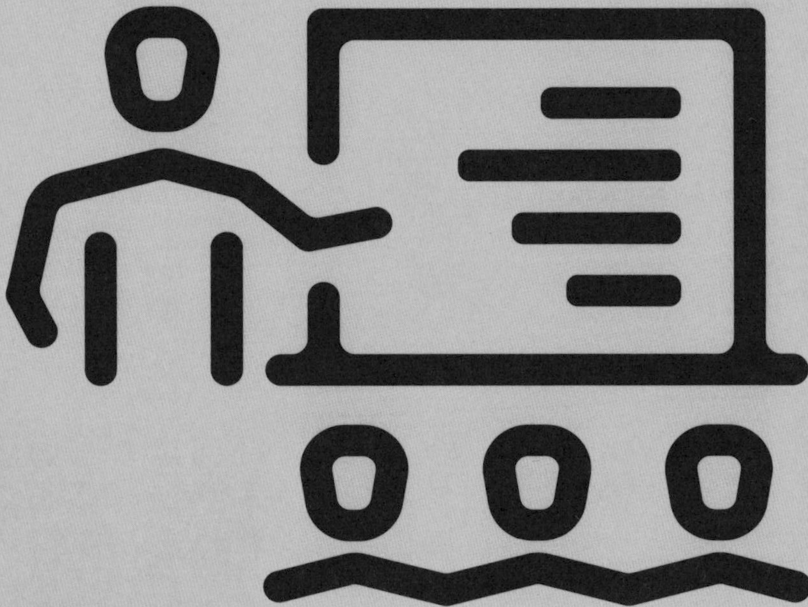

ARBEITSKULTUR • BLOCKADEN • FRUSTRATIONSTOLERANZ

Kapitulation vor dem eigenen Team

Führungskräfte, die gute Manager sind, aber ihre soziale Kompetenz nicht zureichend ausgebildet haben, stoßen in Veränderungsprozessen schnell an unüberwindliche Grenzen.

Ich denke es lohnt sich nicht, dass ich mich an diesem Projekt noch beteilige", sagt uns ein Manager der mittleren Ebene in einem Workshop, in dem wir darüber sprechen, welche Herausforderungen mit einer Neuausrichtung der Unternehmenskultur verbunden sind. „Wieso denken Sie das?", frage ich ihn und sage: „Ich dachte, es kommt auf jeden an, der hier Führungsverantwortung trägt!" – „Ach, so kurz vor meiner Pensionierung …", entgegnet er. „Wann ist es denn so weit?" – „Na ja, schon in vier Jahren." Das Lächeln über einen Gesprächspartner, der die Zeit in geologischen Dimensionen wahrzunehmen scheint, gefriert, wenn man über das Selbstverständnis nachdenkt, dass in dieser Äußerung sichtbar wird: Bitte rechnet nicht mehr mit mir! Lasst mich einfach in Ruhe. Ich warte nur noch, bis ich das Unternehmen endlich auch physisch verlassen darf.

Welchen Beitrag wird dieser Kollege in den kommenden vier Jahren leisten? Welche Atmosphäre um sich herum verbreiten? Welche Entwicklung befördern oder verhindern? Warum glaubt er eigentlich, als Führungskraft eine solche Äußerung überhaupt tun zu dürfen? Er spricht diese Worte ohne jede Scham. Wieso? – Verzichten wir auf jeden Versuch einer psychologischen Deutung. Nehmen wir stattdessen diesen Gesprächspartner als Beispiel für ähnlich denkende Menschen. Sie blicken auf ein langes Berufsleben zurück, sie haben viel Erfahrung in ihrem Fach. Auch wenn sie formal noch nicht am Ende ihres Berufslebens angekommen sind, tatsächlich haben sie es längst erreicht. Welche Erfahrungen hat jemand gemacht, dass er es für legitim hält, sich so zu äußern?

Dem Kollegen, der da von sich spricht, ist offensichtlich jedes Interesse an der eigenen Entwicklung und der des Unternehmens abhandengekommen. Mit dieser Feststellung konfrontiert, würde er in einem vertraulichen Gespräch mit ziemlicher Sicherheit betonen, dass er nicht immer so gewesen sei! Er würde von Situationen berichten, in denen ihm seine Neugier, sein Engagement, seine Kreativität systematisch ausgetrieben worden sind. Durch ignorante Vorgesetzte, die seine enthusiastischen Vorschläge mit abweisender Geste und seine Empfehlungen mit einer Flut an Einwänden beantwortet haben. Durch notorisch fehlende Anerkennung, durch ein Klima, in dem es überlebenswichtig war, sich bei keinem Fehler erwischen zu lassen und stets nachweisen zu können, dass man die geltenden Regeln eingehalten hat. Er würde von einem betrieblichen Alltag berichten, in dem sich die eigene Existenzberechtigung vor allem aus jahrzehntelanger Prozesstreue und der Beherrschung wuchernder bürokratischer Verfahren ableiten ließ, und von dem stets präsenten, aber kaum bewussten Empfinden, dass er diese Existenzberechtigung mit allen Mitteln verteidigen musste. Wir kennen solche Schilderungen gut. Sie werden in diesem speziellen Wenn-Sie-erlebt-hätten-was-ich-erlebt-habe-Ton vorgetragen.

Sie setzen uns nicht mehr in Erstaunen, aber sie setzen uns zu: An der Schwelle zu einer radikal sich verändernden Arbeitswelt treffen wir auf Menschen, die, um im Unternehmen zu überleben, sich genau jene Kräfte und Fähigkeiten abtrainiert haben, die für die Zukunftsfähigkeit ihres Unternehmens immer unverzichtbarer werden: Erfindungsreichtum, Anpassungsfähigkeit und nicht zuletzt die Bereitschaft, sich für etwas begeistern zu lassen oder wenigstens an die eigene Zukunft zu glauben.

Schauen wir uns in Unternehmen genauer um, in denen so gedacht und geredet wird, so stellen wir häufig fest, dass das, was wir hören, und die Art, wie in dem Unternehmen geführt wird, gut zusammenpasst. In Erweiterung eines Bonmots von Reinhard Sprenger könnte man sagen: Nicht nur jeder Chef, auch jedes Unternehmen hat auf Dauer die Mitarbeiter, die es verdient.

Was ist damit gemeint? In einem Klima, in dem der Wert eines Menschen sich beispielsweise danach bemisst, inwieweit er „funktioniert", das heißt, die Routine der alltäglichen Prozesse zuverlässig aufrechterhält, arbeiten langfristig nur Menschen, für die genau das zum Lebensinhalt werden kann. Werde ich ausschließlich danach beurteilt, wie zuverlässig ich die mir gesetzten Leistungsstandards erreiche, so wird mir mit der Zeit vieles gleichgültig werden, was dabei nicht hilft. Durch Veranlagung und Umwelt entsteht ein Anpassungsprozess, in dem Funktion und Person nach und nach zu einer Einheit verschmelzen.

// Eine Kultur der Vermeidung?

Der Preis, den ich als empfindender Mensch für dieses „Funktionieren" zahle, ist hoch. Bin ich doch gezwungen, alles zu verdrängen, was in diesem System als störend

Führung ist keine Aufgabe, die Fachleute **nebenbei** erledigen können.

gilt und deshalb keine positive Resonanz findet: Gefühle etwa oder Stimmungslagen, die soziale Einbindung, die ich brauche, die Anerkennung, die ich ersehne, der Spaß, den ich gerne hätte. Dort, wo Effektivität und Effizienz die wichtigsten Leitwerte sind, bleibt alles suspekt, was ihnen nicht dient. Wichtige Bedürfnisse menschlichen (Zusammen-)Lebens werden so zu Störgrößen im Betriebsablauf.

In der Folge entsteht eine Kultur der Vermeidung, befördert noch durch schematisch denkende Führungskräfte, für die nicht sein kann, was nicht sein darf, weil es sie verunsichern würde. Sie übersehen dabei: Bedürfnisse, die vermieden werden, sind deshalb nicht einfach verschwunden. Sie bahnen sich nur einen anderen Weg. Wer in seinem Chef keinen Zuhörer findet, kann sich hoher Aufmerksamkeit erfreuen, wenn er hinter seinem Rücken über ihn redet. Wer die Anerkennung seiner Chefin vermisst, holt sich Zustimmung im Schulterschluss mit Kollegen. Wer soziale Einbindung nicht durch echte Zusammenarbeit und gemeinsamen Erfolg erfährt, erlebt sie im täglich tagenden Jammerclub. In ihm werden Klagen liebevoll zu einem kollektiven Ritual kultiviert. So entstehen im Unternehmen mit der Zeit Biotope notorisch unzufriedener Mitarbeiterinnen und Mitarbeiter. Selbst wenn sie das, was ihnen fehlt, nicht klar benennen können: Sie fühlen sich auf jeden Fall als Opfer, stets getrieben von dem Verdacht, um irgendetwas Wichtiges gebracht worden zu sein. Chronisch gekränkt, kann in ihrem Alltag alles, fast jedes beliebige Vorkommnis, zum Auslöser ihrer stets lauernden Empörungsenergie werden. Manchen merkt man an, dass sie sich geradezu nach Anlässen sehnen, durch die sie sich in ihrer Verbitterung bestätigt fühlen können.

Veränderungsprozesse erleben solche Mitarbeiter selbstverständlich nicht als Aufbruch, sondern als Zumutung. Die Teilhabe an der rasanten (digitalen) Entwicklung der Arbeitswelt empfinden sie nicht als Abenteuer, sondern als Bedrohung. Die Chance, sich als Unternehmen neu erfinden zu können, wirkt beängstigend auf sie und nicht befreiend. Sie blockieren ihre eigenen Kräfte und damit die Kräfte des Unternehmens. Was kann man tun?

Zunächst sollte unterschieden werden, ob die „innere Kündigung" als tatsächliche Abkehr oder als eine Art Hilferuf zu verstehen ist. Im Fall einer tatsächlichen Abkehr bleiben fast alle Initiativen, die auf Einsicht, Ermunterung und Integration zielen, erfolglos. Als freie, selbstbestimmte Wesen können wir Menschen uns unerreichbar machen. Jeder kommunikative Akt bleibt ein Angebot, das angenommen oder abgelehnt werden kann. Weigert sich ein Mitarbeiter, seinen vertraglichen Pflichten nachzukommen und übt er vorsätzlich einen negativen Einfluss auf die Stimmungslage und Arbeitskultur seines Teams aus, so ist es an der Zeit, nachdrücklich zu intervenieren. Mit dem Begriff „innere Kündigung" wird ja genau genommen ein Zustand beschrieben, in dem der Betreffende sich zwar innerlich abkehrt und zurückzieht, das Unternehmen aber physisch nicht verlassen will. Sonst würde er ja im eigentlichen Sinn des Wortes kündigen. Ob es sinnvoll ist, auf eine Trennung hinzuarbeiten, kann nicht generell, sondern nur im Einzelfall entschieden werden. Leichtfertige Kündigungen hat der Gesetzgeber in Deutschland mit guten Gründen erschwert. Die demonstrative Weigerung, den Weg mitzugehen, den das Unternehmen einschlägt, um seine Zukunft zu sichern, darf mit Blick auf engagierte Mitarbeiter aber nicht ohne Konsequenzen bleiben.

// Blockaden lösen

Häufig kann eine Kundgebung des Unwillens auch als Signal der Frustration und Hilflosigkeit verstanden werden. In diesem Fall lohnt es sich, genau hinzusehen und zu überlegen, wie man eine Brücke bauen kann, die wieder zueinander führt. Die Herausforderung besteht in diesem Fall darin, dass es hoher sozialer Kompetenz bedarf, um als Chefin oder Chef solche Brücken zu bauen. Und genau da liegt der Hase im Pfeffer.

Die meisten Führungskräfte haben im Lauf ihrer Karriere zwar gelernt, Anweisungen zu geben, Ziele zu setzen und die Zielerfüllung zu kontrollieren. Sie kennen sich aus, wenn es darum geht, zu beurteilen, ob jemand seine Aufgabe fachgerecht ausgeführt hat. Sie sind gründlich (oft auf gute, alte deutsche Art auch detailverliebt), haben aber als Chefin oder Chef nicht gelernt, die Motivationslage ihrer Mitarbeiter als Signal für eine notwendige Intervention zu verstehen und mutig darauf zu reagieren. Verunsicherte Mitarbeiter verunsichern sie. Vielen fehlt es schlicht an Einfühlungsbereitschaft und sozialem Handwerkszeug. Die Konfrontation mit ausdauernder Frustration und mit Ausweichstrategien macht sie deshalb hilflos. Durch ihre Unfähigkeit, Blockaden zu lösen, werden sie selbst zu welchen.

Eine maßgebliche Ursache dafür sehen wir darin, dass die wahren Herausforderungen der Führungsarbeit immer noch unterschätzt und eine langfristige Entwicklung entsprechender Kompetenzen sträflich vernachlässigt werden. Anstatt sorgfältig abzuwägen, welches Team wem warum anvertraut werden sollte, werden Führungspositionen leichtsinnig über fachliche Qualifikation besetzt, frei nach dem Motto: Wer sich als beste Fachfrau oder bester Fachmann bewiesen hat, ist damit geeignet, andere zu führen. Untersuchungen und Mitarbeiterbefragungen beweisen: Wenige Annahmen sind so oft widerlegt worden.

Selbst angesichts der Herausforderungen der digitalisierten Arbeitswelt (Arbeit 4.0) räumen zu viele Unternehmen dem Führungsauftrag kein Eigenrecht ein. Sie betrachten Führung als eine Aufgabe, die gute Fachleute nebenbei erledigen können. Deshalb betreiben sie nach unserer Beobachtung oft auch keine ernst zu nehmende Personalentwicklung. Stattdessen investieren sie freudig in Trends, die aus dem Silicon Valley importiert werden, und geben demjenigen, der ihnen folgt, das Gefühl, etwas Wichtiges für die Zukunftsfähigkeit des Unternehmens getan zu haben. Das gab es schon immer: Topmanager, die sich selbstzufrieden zur Avantgarde zählen, wenn ihnen die Adaption der aktuell gängigsten Managementmethoden gelingt. Ein Set neuer Problemlösungstechniken (aus der IT entlehnt), ein bunter Kreativraum und die eilig erworbene Fähigkeit, mit dem dazugehörenden Vokabular zu jonglieren, ersetzen aber keine qualifizierte Führungsarbeit.

Unternehmen brauchen Chefs, die nicht auf Managementmoden ausweichen, wenn es schwierig wird, sondern Chefs, die ihnen anvertraute Menschen fest in den Blick nehmen. Kolleginnen und Kollegen, für die man Verantwortung trägt, auf neue Wege mitzunehmen, gelingt, wenn man die Bereitschaft hat, hinter ihrem Widerstand Fähigkeiten und Begabungen zu erkennen, die dringend gebraucht werden, und gemeinsam einen Weg zu erkunden, auf dem sie am Erfolg partizipieren können. Das setzt nicht nur Führungskompetenz voraus, sondern auch einen wohlwollenden Blick auf Menschen und eine professionelle Frustrationstoleranz. Ohne geht es nicht. Es ist ein Irrtum, zu glauben, der Weg in die digitale Zukunft beginne einfach mit der Nachahmung dessen, was im Silicon Valley vorgemacht wird. Er beginnt (und endet) mit dem Rollenverständnis und der sozialen Kompetenz von Führungskräften. //

+ Anregungen zur Reflexion

Als Chefin oder Chef

Glauben Sie, dass Sie dafür geeignet sind, Menschen zu führen? Wenn ja: Haben Sie einen Beweis dafür, dass Menschen, die Ihnen anvertraut wurden, das auch so sehen? Wenn nein: Welche Konsequenzen ziehen Sie daraus?

Als Mitarbeiterin oder Mitarbeiter

Fühlen Sie sich am richtigen Platz oder fühlen Sie sich als Opfer? Wenn Sie sich als Opfer fühlen: Wie lange schon? Wie lange noch? Was sollten Sie ändern?

Resilienz nicht nur für mich!

Gerade im Zeitalter der Digitalisierung zeichnen sich gute Führungskräfte dadurch aus, nicht nur selbst Resilienz zu entwickeln, sondern auch eine Mentorenschaft für ihre Mitarbeiter und Mitarbeiterinnen zu übernehmen.

ENTWICKLUNGSAUFGABE • KRISE • SALUTOGENESE

Resi|lire: zurückspringen, abprallen, Abstand nehmen, zusammenschrumpfen; ich nähere mich Begriffen, vor allem, wenn sie so inflationär wie der Begriff Resilienz verwendet werden, gerne von ihrer sprachlichen Bedeutung. In der Übersetzung des Ursprungsverbs wird hier deutlich, dass es um die Fähigkeit zu einer Aktivität geht, die auf etwas Gegebenes reagiert.

Vor diesem Hintergrund erscheint mir persönlich die folgende Definition – die aus dem Bereich der systemischen Therapie und Soziologie von Rosmarie Welter-Enderlin und Bruno Hildenbrand stammt – als ein guter Einstieg, um sich der Bedeutung der Fähigkeit zur Resilienz zu nähern: „Unter Resilienz wird die Fähigkeit von Menschen verstanden, Krisen im Lebenszyklus unter Rückgriff auf persönliche und sozial vermittelte Ressourcen zu meistern und als Anlass für Entwicklung zu nutzen."

Zugegeben, der Begriff „Krisen im Lebenszyklus" ist hoffentlich in Ihrem beruflichen Kontext etwas zu gewaltig, ersetzen Sie ihn bitte mit „Herausforderungen". So wird der Begriff Resilienz nicht nur für unsere Zwecke angemessener, die Notwendigkeit des Besitzes beziehungsweise des Erwerbs einer solchen Fähigkeit erschließt sich unmittelbar.

Wenn Sie als Führungskraft tätig sind, geht es allerdings nicht nur darum, dass Sie sich für Ihre persönliche Entwicklung Ihrer Resilienz vergewissern oder sie stärken, sondern Sie sind auch dafür verantwortlich, die Resilienz Ihrer Mitarbeiter und Mitarbeiterinnen zu fördern.

In unserer Zeit der VUKA-Welt mag Resilienz als eine neue besondere Anforderung erscheinen. Tatsächlich begleitet uns Menschen der Erwerb von Resilienz als eine Entwicklungsaufgabe durch alle Zeiten. Ob in antiken Sagen, Märchen, literarischen Schriften oder im realen Leben, überall finden sich Geschichten von Helden und Heldinnen, die den Widrigkeiten ihres vermeintlichen Schicksals trotzten und Resilienz besaßen oder entwickelten: der biblische Josef, Aschenputtel, die Bremer Stadtmusikanten, Pippi Langstrumpf, Harry Potter, Mahatma Gandhi, Nelson Mandela und viele, viele andere.

Welches Geheimnis besaßen sie? Was befähigte sie? Was kennzeichnet sie alle? Eines auf jeden Fall: Sie durchlebten Krisen, waren zwischenzeitlich verzweifelt, scheiterten und wussten nicht, wie ihre Zukunft aussehen würde. Ihre Resilienz schützte sie in keiner Weise vor den Unbilden des Lebens.

// Wie entsteht Resilienz?

Der nicht bewusst herbeigeführte Status unserer Resilienz fußt auf unserer Persönlichkeitsentwicklung. Um uns selbst zu verorten, ist es hilfreich, uns auf die Säulen unserer Persönlichkeit zu besinnen:

- unsere Herkunftsfamilie,
- die Fähigkeit zu Bindung und Beziehung,
- die Bildung unserer Werte – unsere Ethik,
- die Gestaltung unseres sozialen Umfelds,
- den Umgang mit unserem Körper.

Woher kommen wir? Wo stehen wir? Wie haben wir unsere Welt gestaltet? Zu was haben wir Standpunkte und nicht nur Meinungen entwickelt, und wie haben wir das getan? Wie sicher ist unser Stand? Trifft auf uns der Titel des Buchs der Entwicklungspsychologin Emmy Werner „Vulnerable but Invincible" zu?

// Resilienz ist erlernbar

Die Erkenntnis, dass Resilienz nicht angeboren, sondern lernbar ist, verdanken wir Emmy Werners Erforschung seit den 50er-Jahren des letzten Jahrhunderts. Sie wies in einer Langzeitstudie über vier Jahrzehnte nach, dass Kinder, die aus stark geschädigten und schädigenden familiären Milieus stammten, entgegen allen Vorhersagen trotz dieser Ausgangssituation zu etwa einem Drittel zu lebensbejahenden, fürsorglichen Erwachsenen heranwuchsen, die ihr Leben positiv gestalteten. Dieses Drittel unterschied sich von den anderen durch einen wesentlichen Faktor: Im Umfeld der Kinder gab es eine sie stärkende Bezugsperson. Auf dieser Grundlage entwickelten die Kinder Selbstwirksamkeit und konnten in der Gesellschaft vorhandene Angebote

Gestalten Sie Ihre
Rolle als Führungskraft
auch im Sinne einer
wertschätzenden
Mentorenschaft.

durch unterstützende Institutionen – vor allem schulische Bildung – annehmen. Der Titel des Buches „Vulnerable but Invincible“ weist darauf hin, dass es nicht darum gehen kann, möglichst unverwundbar zu werden. Ein hoher Grad von Resilienz trägt jedoch entscheidend dazu bei, dass wir bei allen persönlichen und beruflichen Verwundungen unsere Fähigkeit zum Wiederaufstehen, zum Weitermachen und zum erneuten Gestalten entwickeln und bewahren.

Die weitere Forschung zur Resilienz wurde wesentlich von dem Medizinsoziologen Aaron Antonovsky unterstützt, der in den 70er-Jahren des letzten Jahrhunderts einen Perspektivwechsel in der vorherrschenden Medizin forderte, weg von einer Pathogenese hin zu einer Salutogenese. Statt danach zu fragen, was uns krank macht, ging es ihm um Antworten auf die Frage: Was erhält uns gesund? Seine Metapher hierzu war, dass das Leben wie ein Fluss ist und wir Menschen in diesem Fluss voller Gefahren schwimmen. Ziel der Salutogenese ist es, dass wir gute Schwimmer und Schwimmerinnen werden. Als Faktoren zur Entwicklung unserer Schwimmfähigkeiten im Bereich der Resilienz werden folgende Fähigkeiten angesehen:

- Akzeptanz,
- Emotionssteuerung,
- Empathie,
- Impulskontrolle,
- Lösungsorientierung,
- Opferrolle verlassen,
- Optimismus,
- Verantwortung übernehmen,
- Selbstwirksamkeit,
- soziale Vernetzung,
- Zielorientierung,
- Zukunftsplanung.

Wenn Sie im Internet schauen, finden Sie diese oder ähnliche Begriffe häufig zu sieben Schlüsseln oder Säulen der Resilienz zusammengefasst, mit den dazugehörigen Angeboten, diese zu trainieren. Selbstverständlich ist der Erwerb der meisten dieser Fähigkeiten nicht nur in Bezug auf die Fähigkeit zur Resilienz sinnvoll.

Vielleicht sagen Sie bei einem ersten Blick auf die Aufzählung: habe ich, kann ich. Da es sich überwiegend um sogenannte Soft Skills handelt, ist unsere Selbstwahrnehmung naturgemäß eingetrübt. Gönnen Sie sich daher die Meinung von Vertrauten und – seien Sie bitte mutig – auch von Kollegen*innen bzw. von Ihnen zugeordneten Mitarbeiter*innen.

Doch bei allen diesen Fähigkeiten scheint das grundlegende Element noch zu fehlen. Um in dem Bild von Aaron Antonovsky zu bleiben: Entscheidend ist es, über Wasser zu bleiben, aber reicht dafür die Fähigkeit zu schwimmen? Nein, sicher nicht allein.

In der Forschung von Emmy Werner stellte sich als das entscheidende Element für die Entwicklung der Kinder die wertschätzende Bezugsperson heraus. In unserer weiteren persönlichen Entwicklung tritt diese wertschätzende Bezugsperson in den Hintergrund und wir entwickeln unseren eigenen inneren Kompass. Bei dieser Entwicklung könnte ein Hinweis von Viktor Frankl, dem Begründer der Logotherapie und der Existenzanalyse, der das KZ Auschwitz überlebte, hilfreich sein: „Es gibt nichts auf der Welt, was dem Menschen so nachdrücklich helfen kann, zu überleben und gesund zu bleiben, wie das Wissen um eine Lebensaufgabe."

Mit der Entwicklung unserer Standpunkte, unserer Werte liegt es in unserer Hand zu entscheiden, ob wir lebensbejahend tätig sein wollen, uns einer Lebensaufgabe widmen wollen, die über ein konkretes Arbeitsfeld hinausragt. Diese Entscheidung ist das grundlegende Element unserer Resilienz und unser persönlicher Referenzpunkt. Mit dieser Entscheidung geben wir uns Sinn und (ver-)binden uns.

Was heißt das nun für die Entwicklung von Resilienz in Ihrer Rolle als Führungskraft? Prüfen Sie sich bitte, ob Sie eine solche Entscheidung getroffen haben, und justieren Sie von Zeit zu Zeit Ihren inneren Kompass. Das Trainieren oder das sich Vergewissern der obigen Fähigkeiten kommt danach.

// Resilienz zu stärken, ist eine Führungsaufgabe

Machen Sie sich bitte bewusst, dass nicht nur Sie die Fähigkeit zur Resilienz brauchen. Fördern Sie bei Ihren Mitarbeiterinnen und Mitarbeitern die Entwicklung von Resilienz – sowohl individuell als auch als Team. Denken Sie dabei an das Ergebnis der Forschung von Emmy Werner: Entscheidend ist die wertschätzende Bezugsperson. Nein, Ihre Mitarbeiterinnen und Mitarbeiter sind keine Kinder, gleichwohl unterstützt eine wertschätzende Begleitung auch im Erwachsenenleben die Ausbildung von Resilienz.

Interpretieren und gestalten Sie Ihre Rolle als Führungskraft auch im Sinne einer wertschätzenden Mentorenschaft. Achten Sie dabei bitte auch darauf, dass Ihren Mitarbeiterinnen und Mitarbeitern die notwendigen äußeren Ressourcen zur Verfügung stehen, denn Resilienz ist nicht alles. Sie ermöglicht es, im reißenden Strom den Kopf über Wasser zu halten und auch bei unklarer Sicht Kurs zu halten – das ist Ihre Aufgabe. Manchmal kann es jedoch notwendig sein, dass Sie Ihren Mitarbeitern und Mitarbeiterinnen ein Boot schicken. //

+ Anregungen zur Reflexion

Als Chefin oder Chef

Schätzen Sie die Menschen, die Sie führen? Falls ja, erleben diese das? Falls nein, was brauchen Sie, um dies zu tun?

Als Mitarbeiter oder Mitarbeiterin

Würde Ihnen Ihre Chefin/Ihr Chef – falls nötig – ein Boot schicken? Sind Sie sicher? Würden Sie um ein Boot bitten?

ERWARTUNGSHALTUNG • VORSCHUSS • REGELN

Die Mechanik des Vertrauens

Wenn Vertrauen entstehen und wachsen soll, gibt es bestimmte Vorgehensweisen in der Kommunikation, die diesen Prozess unterstützen. Und schließlich ist es entscheidend, das Vertrauen von Menschen nicht zu verspielen.

„Guten Tag, bitte zwei Pfund Kundenvertrauen."

„Gerne, ist gerade im Angebot, darf es auch etwas mehr sein?"

„Na klar, wird ja nicht schlecht!"

Wäre es nicht wunderbar, wenn man eine der Schlüsselvariablen für langfristige Kundenbeziehungen so einfach kaufen könnte? Und wenn es nicht reicht, dann ordert man einfach nach. Immer mehr Unternehmen „entdecken", wie wichtig es ist, die Kunden langfristig an sich zu binden. Im Schnitt ist es sechsmal so teuer, einen Neukunden zu gewinnen wie einen Kunden zu halten. In einer Zeit allerdings, in der sich Qualität, Design und sogar der Preis in manchen Produktgruppen immer mehr angleichen, ist es schwierig, attraktiver zu sein als andere.

// Vertrauen als Wettbewerbsvorteil

Die neue Orientierung vieler Unternehmen geht daher in Richtung Servicequalität. Mit Serviceoffensiven wird versucht, ein funktionales Vertrauen in die Dienstleistung oder Marke zu erzeugen. Von der lebenslangen Garantie, der 24-Stunden-Hotline über spezielle Betreuung bis hin zur angeblich problemlosen Reklamation reicht die Palette. Letztendlich kaufen Kunden keine Produkte, sondern Vertrauen. Laut Duden ist Vertrauen „das feste Überzeugtsein von der Verlässlichkeit, Zuverlässigkeit einer Person oder Sache". Vertrauen ist somit die Erwartung in einen positiven oder zumindest erwarteten Ausgang.

In der Hektik, sich dem verändernden Markt anzupassen, wird allerdings gerne übersehen, dass mit der heißen Nadel gestrickte Konzepte häufig ihren Zweck nicht erfüllen – ja, vielleicht sogar kontraproduktiv sind. Wenn die Servicekonzepte den eigenen Mitarbeiter nicht oder nur wenig berücksichtigen, wenn ausschließlich auf „Hardware" und nicht auf den Menschen gesetzt wird, wenn die Mitarbeiter sich nicht mit der Maßnahme identifizieren, geht der Schuss gerne auch mal nach hinten los. Schlechter Service ist oft schlimmer als keiner. Eine enttäuschte Erwartungshaltung wieder zu revidieren, ist nicht einfach, enttäuschtes Vertrauen ist nur sehr schwer wieder herzustellen. Dies gilt für das Leben und erst recht für das Wirtschaftsleben.

Den Effekt von nicht bestätigter oder enttäuschter Erwartungshaltung kann man leicht an folgendem Beispiel nachvollziehen. Immer mehr Autofirmen, gerade die Premiummarken, bieten als Extraservice eine Rückholgarantie an, falls der Wagen irgendwo im In- oder Ausland liegen bleibt. Eine gute Sache. Sie gibt dem Kunden ein gutes Gefühl und dem Autohersteller die Möglichkeit, mit einer schicken Serviceleistung zu glänzen. Je größer aber die aufgebaute Erwartungshaltung beim Kunden, desto härter der Aufschlag in der Realität, wenn die Erwartungen nicht erfüllt oder gar konterkariert werden. Konkret: Wenn man nachts um 2.30 Uhr bei winterlichen Temperaturen auf der Autobahn auf den angebotenen Rückholservice wartet, beglückwünscht man sich noch für die gute Entscheidung, diese Option beim Kauf gewählt zu haben.

Die Vorfreude endet aber schlagartig, wenn der Mitarbeiter, der mit der Abholung oder Reparatur betraut ist, wissentlich oder unwissentlich die „Mechanik des Vertrauens" missachtet. Sowohl ein ellenlanges Formular, das ausgefüllt werden muss (funktionaler Ärger), als auch schlechte Laune des Helfers (personale Enttäuschung) führen dazu, dass die positive Erwartungshaltung sich ins Gegenteil verkehrt. Wer nachts um 2.30 Uhr Worte hört wie: „So was passiert natürlich immer nachts um zwei" (Verallgemeinerung), „Eine Nacht Ruhe zu haben, wäre ja auch zu viel verlangt" (Schuldzuweisung), „Wohl die Serviceintervalle nicht eingehalten, was?" (negative Interpretation), der wird beim nächsten Autokauf die Option „Rückholservice" nicht mehr ankreuzen und sich vermutlich sogar für eine andere Marke entscheiden.

// Vertrauen als Führungsprinzip

Weg von der Wirtschaft, hin zur Führungspsychologie: Die eben beschriebenen Mechanismen, die zu Unmut führen, Verallgemeinerung, Schuldzuweisung und negative Interpretation haben auch im Verhältnis von Führungskraft zu Mitarbeitenden extrem negative Wirkung. Wer als Mitarbeiterin oder Mitarbeiter regelmäßig auf diese Art abgekanzelt wird, wird schnell versuchen, weniger Fehler zu verursachen. Dabei gibt es zwei Möglichkeiten zur Fehlerreduktion: Zum einen ein permanentes Abliefern von hervorragenden Arbeitsergebnissen – da aber die meisten Aufgaben abhängig sind von den Ergebnissen anderer Personen, können vorher verursachte Fehler auf die eigene Arbeit durchschlagen. Mit dem Ärgernis der Maßregelung durch die Führung. Eine „einfachere" Methode ist dagegen der Dienst nach Vorschrift. Wer immer nur exakt die Vorgaben des Vorgesetzten ausführt, reduziert die Wahrscheinlichkeit, bei selbst verursachten Fehlern erwischt und angeklagt zu werden.

Nun ist aber ein seelenloses Nachvollzugsorgan in der heutigen Wirtschaft mit ihren schnellen Veränderungen und der daraus resultierenden Notwendigkeit von schnellen Entscheidungen nicht mehr der Wunschmitarbeiter. Das Gegenteil von einem anklagenden Führungsstil wäre ein vertrauensvoller. Doch wie baut man als Führungskraft schnell Vertrauen bei den Mitarbeitenden auf?

Wenn im Titel von der „Mechanik des Vertrauens" gesprochen wird, dann klingt das im ersten Augenblick möglicherweise paradox. Vertrauen ist eine emotionale Beziehungsqualität. Wie sollte es mechanische Ansätze für den Aufbau eines Gefühls geben? Mechanik darf in diesem Fall allerdings nicht wörtlich verstanden werden als: Drücke auf diesen Knopf, dann traut Dir der andere über den Weg, sondern „Mechanik" meint, dass es Regeln gibt für einen guten Umgang mit dem Mitarbeitenden. Regeln, deren Beachtung die Wahrscheinlichkeit einer langfristigen vertrauensvollen Zusammenarbeit deutlich erhöhen. Worauf sollte also geachtet werden (und das gilt für den generellen Umgang mit Menschen), um vertrauensvolle Beziehungen aufzubauen?

Wer **Vorschussvertrauen** investiert, erhält als **Belohnung** häufig intrinsische **Motivation.**

// Vertrauen gebiert Vertrauen

Der gerne zitierte Satz von Lenin: „Vertrauen ist gut, Kontrolle ist besser“, stimmt einfach nicht. Einseitig Vertrauen zu generieren oder zu geben ist praktisch unmöglich. Vertrauen entsteht aus einer Wechselwirkung. Wenn Vorschussvertrauen nicht enttäuscht wird, vertrauen wir beim nächsten Mal wieder und im besten Fall sogar etwas mehr. Für Führungskräfte bedeutet das: Wer Vorschussvertrauen in Mitarbeiterinnen oder Mitarbeiter investiert, erhält als Belohnung häufig intrinsische Motivation.

// Sympathie und Vertrauen sind häufig eng aneinandergekoppelt

Natürlich ist es möglich, einem Menschen auch funktionales Vertrauen ohne personale Sympathie entgegenzubringen: Wer eine schwere Krankheit hat, wird sich trotz persönlicher Animositäten in die Hände des unsympathischen Professors begeben, wenn dieser als Koryphäe gilt und Heilung verspricht. Aber: Sympathie und Vertrauen sind deswegen so eng miteinander verschränkt, weil wir Menschen vor allem dann sympathisch finden, wenn wir uns in ihnen wiederfinden. Anders gesagt: Wer so ähnlich ist wie ich, der muss auch vertrauenswürdig sein (ich bin es meistens ja auch). Und für jemanden, der mir sympathisch ist, zeige ich als Mitarbeiter auch gerne mehr Einsatz.

// Vertrauen folgt dem Verstehen

Wenn wir beim Äußern unserer Gedanken nicht interpretiert, bewertet oder verhört, sondern „nur" verstanden werden, erfolgt die Vergrößerung des Vertrauensfelds fast automatisch. Das liegt daran, dass wirkliches Verstehen (im Gegensatz zu ungeduldigem Nicken und „Ja, ja") nicht in unserem natürlichen Verhalten angelegt ist. Zwar haben wir alle beständig das Empfinden, den anderen perfekt zu verstehen, da aber jede Aussage, die ein Mensch trifft, interpretiert werden kann, kann die wahre Verständnisquittung immer nur die Rückgabe der Aussage des anderen mit eigenen Worten sein. Wenn der andere danach bestätigt: „Ja, genau das habe ich gemeint!", so dürfen wir davon ausgehen, dass wir ihm das Gefühl vermittelt haben, verstanden zu werden.

Wenn Vertrauen entstehen und wachsen soll, gibt es bestimmte Vorgehensweisen in der Kommunikation, die diesen Prozess „mechanisch" unterstützen: Erst zuhören, dann zurückspiegeln als Verständnisquittung, dann wieder zuhören ... und erst jetzt die eigene Meinung zu dem Thema wiedergeben. Allerdings ersetzt keine Regel die Notwendigkeit einer Achtsamkeit im Umgang miteinander. Stephen R. Covey hat es schön auf den Punkt gebracht: Die meisten Menschen hören nicht zu, um zu verstehen, sondern um zu antworten.

Wer zuerst einmal zuhört und dann wirklich versteht, hat den ersten Schritt in Richtung eines vertrauensvollen Umgangs schon hinter sich. //

+ Anregungen zur Reflexion

Als Chefin oder Chef

Hören Sie bei schwierigen Gesprächspartnern oder in kritischen Situationen noch richtig zu, oder glauben Sie die Antworten oft schon zu kennen? Nehmen Sie sich häufig genug die Zeit, Aussagen des Gegenübers mit eigenen Worten zurückzuspiegeln, um so Verstehen nachzuweisen und Vertrauen aufzubauen? Hören Sie zu, um zu verstehen oder um zu antworten?

Als Mitarbeiterin oder Mitarbeiter

Haben Sie häufiger das Gefühl, Ihre Aussagen werden missinterpretiert? Liegt das an Ihren Formulierungen? Oder an der Erwartungshaltung Ihres Gesprächspartners? Wenn Sie Widerstand bei einer Ihrer Aussagen feststellen, fragen Sie gelegentlich nach, was der andere eigentlich verstanden hat? Fragen Sie auch mal nach, ob Sie den anderen richtig verstanden haben?

The Fast and the Furious

Agilität ist ein inflationär gebrauchter Begriff. Trotzdem geht er mit Gedanken einher, die zukunftsweisend sind.

BEWEGLICHKEIT • FRAGILITÄT • HALTUNG

Am besten ist es wohl, wenn ich es gleich zu Beginn zugebe: Inflationär gebrauchte Worte lösen bei mir ein gewisses Unbehagen aus. Das liegt natürlich nicht an den Worten selbst. Aber je häufiger Menschen bestimmte Worte nutzen, desto geringer, so scheint es mir jedenfalls, ist der Gebrauchswert dieser Worte. Ernst Hauschka bringt die Misere auf den Punkt: „Man kann ein Wort solange mit Bedeutung aufblasen, bis es platzt."

Nach diesem kleinen Geständnis ahnen Sie vielleicht schon, worum es geht: um Agilität. Alles wird nun agil. Zum Beispiel Unternehmen oder Führung. Der inflationäre Gebrauch dieses Begriffs nährt bei allen, die nach Orientierung suchen, die Erwartung, dass Agilität die Rettung der deutschen Wirtschaft wäre. Ach was, der Wirtschaft weltweit. Agilität ist „Buzz" und damit bereits prädestiniert, als großer Anspruch zu starten, um diese Erwartungen anschließend fulminant zu enttäuschen. Rückständig fühlen sich die, die scheinbar noch nicht agil führen. Hilflos diejenigen, die den permanenten Appellen ausgesetzt sind, nun doch endlich etwas mehr Agilität zu zeigen.

Dabei lohnt es sich, Agilität nicht vorschnell als Worthülse beiseite zu schieben. Nehmen wir den Begriff einmal ernst und tauchen etwas tiefer ein. Am besten gelingt eine solche Annäherung mit einem klaren sprachlichen Verständnis. Agilität leitet sich vom lateinischen *agilitas* ab und meint zunächst einmal Beweglichkeit, Schnelligkeit. Das reicht aber bei Weitem nicht aus, um die Euphorie zu begründen, die dieses Wort auslöst. Wenn Agilität die aktuelle Antwort des Managements auf alles ist, was ist dann die Herausforderung? Auf den Punkt: Fragilität. Man muss nicht gleich Disruption bemühen, aber Geschwindigkeit und Auswirkungen von Veränderungen haben dramatisch zugenommen. Agilität ist Antwort und Reaktion auf Fragilität. Daher werden der ursprünglichen Bedeutung des Wortes häufig noch weitere Attribute wie Anpassungsfähigkeit und Kundenzentrierung hinzugefügt. Auf diese Weise kann Agilität in einer ersten Annäherung wie folgt beschrieben werden: die Fähigkeit, frühzeitig sich verändernde Kundenbedürfnisse zu antizipieren und zeitnah zu reagieren.

Dass Unternehmen schnell, beweglich, kundenorientiert und anpassungsfähig sein müssen, ist allerdings keine bahnbrechende Erkenntnis. Lange bevor die Welt VUCA (*volatility* [Volatilität], *uncertainty* [Unsicherheit], *complexity* [Komplexität] und *ambiguity* [Mehrdeutigkeit]) wurde, haben sich Softwareentwickler Gedanken über eine geeignete Methodologie gemacht. 1970 veröffentlichte Winston Royce, Computerspezialist bei Lockheed, einen Aufsatz, der auf Gedanken von Bennigton/Hosier basiert und das sogenannte Wasserfallmodell in der Softwareentwicklung beschreibt. Darunter versteht man eine sequenzielle Abfolge von Phasen im Entwicklungsprozess. Ohne den Abschluss einer Phase sollte die nächste Phase nicht starten. Die strukturelle Robustheit dieses Konzepts ist gleichzeitig der Nachteil. Es stößt bei volatilen Projekten schnell an seine Grenzen.

Agilität
ist Antwort
und Reaktion
auf **Fragilität.**

In der Folge der Überlegungen von Royce haben sich im Februar 2001 im Snowbird Resort in Utah 17 Softwareentwickler getroffen und gemeinsam überlegt, wie sich ihre Prozesse flexibler, schlanker und veränderungsfreundlicher gestalten ließen. Das Ergebnis dieser Überlegungen ist als *Manifesto for Agile Software Development* bekannt geworden und gilt mittlerweile als Bibel agiler Softwareentwicklung. Neben zwölf Prinzipien enthält das Manifest vier Wertepräferenzen:

- Menschen und Interaktionen sind wichtiger als Prozesse und Werkzeuge.
- Funktionierende Software ist wichtiger als umfassende Dokumentation.
- Zusammenarbeit mit dem Kunden ist wichtiger als Vertragsverhandlung.
- Ein Reagieren auf Veränderungen ist wichtiger als das Befolgen eines Plans.

// Haltung und Handeln

Hier wird sehr deutlich, dass Agilität nicht nur eine Handvoll funktionaler Softwareentwicklungsmethoden meint. Agilität im Sinne des Manifests ist vielmehr ein Zusammenspiel von Haltung und Handeln. Auf den Punkt gebracht kann man sagen: Agilität ist die handelnde Einsicht in die Vorläufigkeit eigener Erkenntnis.

Im Kern geht es darum, mit Unwissenheit produktiv umzugehen und eine offensive Neugier allem und jedem gegenüber zu leben: mit dem Kopf, dem Herzen und der Hand.

Um nun Agilität weiter zu präzisieren, lohnt auch ein kurzer Blick darauf, was Agilität nicht ist: Beschleunigung um ihrer selbst willen. Geschwindigkeit ist auch im agilen Kontext kein Selbstzweck. Das Gegenteil ist häufig richtig. Um auf eine nichtlinear berechenbare Umwelt geeignet zu reagieren, ist Aktionismus, auch wenn er mit dem Etikett „agil" versehen wird, wenig hilfreich. Es kommt darauf an, relevante Signale des Markts aufzunehmen, zu verstehen und die notwendigen Schlussfolgerungen zu ziehen. Christoph Herrmann spricht in seinem dlead-Blog von „agiler Souveränität" und warnt, dass „auch in digitalen Zeiten die meisten Rennen noch auf der Langstrecke gewonnen werden". Es geht darum, sich die Zeit für das Wichtige zu nehmen, nicht nur für das Dringliche.

Wenn wir daher davon ausgehen, dass klug und zuweilen auch mit dem erforderlichen Zeitinvestment gehandelt wird, spricht bisher viel dafür, Agilität als umfassendes Konzept überall im Unternehmen einzuführen. Viele Unternehmen bemühen sich jedenfalls aktuell intensiv darum, agil auf Herausforderungen zu reagieren. Dabei machen sie allerdings die Erfahrung, dass Agilität nicht immer die erhoffte Wirkung zeigt. Woran liegt das?

Als Orientierungshilfe könnte Ralph Stacey von der Hertfordshire Business School dienen. Er entwickelte eine Matrix, mit der Führungskräfte vier Entscheidungssituationen differenzieren können: einfach, kompliziert, komplex und chaotisch. Bei einfachen und auch bei komplizierten Entscheidungen sind die angestrebten Ziele und auch die Wege, die zu den Zielen führen, mindestens teilweise klar. Wenn sowohl die Ziele als auch die Wege diffus sind, dann spricht Stacey von komplexen bzw. chaotischen Entscheidungen. Ähnliches beschreibt das von Dave Snowden entwickelte Cynefin-Framework im Bereich des Wissensmanagements. In einem Fall haben wir es mit simpler oder anspruchsvoller Routine zu tun, und im anderen Fall bewegen wir uns in einem diffusen oder gänzlich intransparenten Innovationsfeld.

Je unklarer die Herausforderungen und je unsicherer die Wege, desto fataler sind die Versuche, Menschen mittels Befehl und Gehorsam auf das Neue vorzubereiten. Je schneller sich Märkte verändern, desto schneller haben sich unsere Strategien der Vergangenheit überlebt. In allen Bereichen des Unternehmens, in denen neue Problemlösungen entstehen müssen und keine Erfolgsroutinen vorliegen, erhöht agiles, insbesondere iteratives Vorgehen die Erfolgswahrscheinlichkeit. Gilt Letzteres nur für die marktnahen Funktionen im Unternehmen? Wie sieht es zum Beispiel mit den vielen administrativen Funktionen aus? In Unternehmensbereichen, die mit Regeln vollständig zugepflastert sind, schrumpft der agile Anspruch auf eine Größe zusammen, die ignoriert werden könnte. Ist eine agile Buchhaltung sinnvoll? Die Frage bleibt: Agilität überall oder im Sinne einer hybriden Kultur nur da, wo wirklich Innovationen erforderlich sind?

Jeff Bezos von Amazon gibt in einem der Briefe an seine Aktionäre eine für ihn typisch eindeutige Antwort. Er teilt die Welt in Tag-eins- und Tag-zwei-Unternehmen auf. Für die Tag-eins-Unternehmen hat alles immer gerade erst begonnen, und sie ehren ihren Gründergeist immer wieder aufs Neue. Ihr einziger Fixstern ist der Kundennutzen. Tag-zwei-Unternehmen hören auf, die Dinge in Frage zu stellen. Sie konzentrieren ihre Kraft darauf, dass die Prozesse richtig gemacht und bestenfalls inkrementell optimiert werden. Das Ergebnis dieser Tag-zwei-Unternehmen ist Stagnation, gefolgt von Irrelevanz und letztlich Niedergang. Deshalb strebt Jeff Bezos auch im 22. Jahr unternehmerischer Tätigkeit danach, dass immer und überall bei Amazon Tag eins ist.

Ist damit nun die Frage beantwortet, ob überall im Unternehmen Agilität das bestimmende Mantra sein sollte? Mit Blick auf die Gestaltung der Zukunftsfähigkeit fällt die Antwort differenziert aus. Wenn Agilität ein Zusammenspiel von Haltung und Handeln umfasst, hilft uns diese Kombination bei unserer Antwort. Eine agile Haltung ist überall, bei allen Mitarbeitenden im Unternehmen notwendig, um die Zukunft erfolgreich zu bewältigen. „Nix ist fix“, und daher ist die Bereitschaft, das Gewohnte immer wieder mit einem neuen Blick zu betrachten, Verpflichtung für jeden Mitarbeiter. Das agile Handeln und vor allem die eingesetzten Methoden können allerdings in einzelnen Unternehmensbereichen höchst unterschiedliche Ausformungen besitzen. Die Antwort lautet also nach wie vor: Es kommt darauf an!

Und noch einen weiteren Vorzug des Trendbegriffs Agilität sollte man berücksichtigen: Üblicherweise bemühen sich Unternehmen bei Veränderungen, über vielfältige

Ein **Reagieren** auf **Veränderungen** ist wichtiger als das **Befolgen eines Plans.**

„Sinn-Bewirtschaftungsmaßnahmen“ die Haltung ihrer Führungskräfte und Mitarbeiter anzupassen. Erst in einem weiteren Schritt wendet man sich dann dem Handeln und schlussendlich einzelnen Methoden zu.

Hier ist es der agilen Bewegung gelungen, erfolgreich einen anderen Weg zu beschreiten. Da das Sein das Bewusstsein bestimmt, wurde über den Einsatz neuer Methoden zuerst das Handeln im Alltag und damit letztlich die Haltung der Menschen in den Unternehmen verändert. Bei aller Kritik an dem Hype um Agilität ist dieses Ergebnis kaum zu unterschätzen.

Die Sicht auf Führung und Zusammenarbeit hat sich und wird sich auf Grund von Agilität weiter verändern. Einiges wird in den Unternehmen stabil bleiben, aber vieles wird sehr beweglich werden. Agilität sei Dank. //

+ Anregungen zur Reflexion

Als Chefin oder Chef

Was verstehen Sie unter Agilität? Ist diese Antwort eine schnelle oder eine langsame, reflektierte Antwort? Welche Konsequenzen hat Ihre Antwort auf Ihre Art zu führen?

Als Mitarbeiterin oder Mitarbeiter

Wann sind Sie das letzte Mal aus dem Man-müsste-mal-Modus herausgekommen und haben Ihre digitale Bildung selbst in die Hand genommen? Was lernen Sie bezüglich der Nutzung digitaler Geräte von Ihren Kindern?

BEZIEHUNGSQUALITÄT • INTEGRATION • ABHÄNGIGKEIT

Verhandeln im Gleich-gewicht

Wer langfristig mit anderen kooperieren will, sollte grundsätzlich integrativ verhandeln.

Bevor die Menschen einen Austausch von bedruckten Papierblättern als symbolische Abgeltung für gelieferte Waren und geleistete Dienste entwickelten, war der Wert des Gehandelten deutlicher sichtbar. Deshalb ist es in der Tauschwirtschaft nicht ganz so einfach, den anderen zu übervorteilen, wie das Märchen von Hans im Glück zeigt. Wir alle haben uns selbst als Kinder gewundert, wie leicht sich dieser Tollpatsch im Märchen ver- und vorführen ließ.

Als dann im 14. Jahrhundert nach Aufkommen der ersten Schuldscheine auch bald Geldscheine auftauchten, zuerst in Florenz und dann in immer mehr Städten, wurden Spielräume geschaffen, die manche Verhandlungsprofis als Einladung zum „legalen Betrug" verstanden.

Die Praxis, den Geschäftspartner bis an die Grenze des eigenen Vorteils zu treiben, so viel wie möglich von ihm zu verlangen, ist bis in die heutige Zeit eine gern geübte. Es gibt sogar spezielle Seminare zum Erlernen unfairer Taktiken, um in Verhandlungen einen möglichst großen Vorteil für die eigene Position herauszuschlagen. Doch die Ära des schnellen Verkaufs, der Hit-and-Run-Strategie, könnte sich langsam einem Ende nähern. Monopolistische Strukturen oder Alleinstellungsmerkmale in einem begrenzten Markt gibt es schließlich wenige. In einer globalisierten Welt, in der jeder über das Internet fast jede Information in Sekundenschnelle erhalten kann, werden Preise, Margen und Serviceleistungen transparenter.

Es lässt sich also fast immer schnell überprüfen, ob das Angebot des Gesprächspartners fair ist. Hinzu kommt, dass sich auf diese Art und Weise ebenfalls sehr schnell jemand finden lässt, der einen günstigeren Preis für die (scheinbar) gleiche Leistung bietet. Unter betriebswirtschaftlichen Aspekten ist es vorteilhafter, seine alten Kunden zu halten als neue zu akquirieren. Immerhin ist im Schnitt die Neukundengewinnung sechsmal so teuer. Deshalb haben Unternehmen heute ein immer höheres Bedürfnis, langfristig mit ihren Kunden zu kooperieren. Dieses Bedürfnis führt zwangsläufig zu einer Verhandlungsqualität, die man als integrativ bezeichnen kann.

Bei ihrem Gegenstück, dem allseits beliebten distributiven Verhandeln, geht es um ein Nullsummenspiel, also um eine Art Umverteilung. Das, was ich dem Verhandlungspartner wegnehme, habe ich selbst anschließend mehr. (Schön auf den Punkt gebracht in dem Bonmot: „Ihr Geld ist nicht weg, gnä' Frau, es hat nur jemand anderes.")

Der gedankliche Ansatz, eine schwierige Situation zum beiderseitigen Vorteil zu lösen, kann im Grundsatz natürlich auch für die Kommunikation im Team, zwischen Teammitgliedern oder von Führung zu Mitarbeitenden hervorragend angewendet werden.

Bei einer integrativen Verhandlungsführung wird als Ergebnis eine sogenannte Win-win-Situation angestrebt, das bedeutet, nach der Verhandlung haben alle gemeinsam einen größeren Kuchen und nicht nur einer allein einen größeren Teil vom

Kuchen. Was aber wird eigentlich genau für eine integrative Verhandlungsführung benötigt? Dass man den Verhandlungspartner gern zum eigenen Vorteil benachteiligen will, wird kaum jemand offen zugeben. Wir alle haben aber unseren Vorteil im Sinn, und das ist auch häufig die Rechtfertigung für einen distributiven Verhandlungsansatz. Interessant sind in diesem Zusammenhang Erkenntnisse des Nobelpreisträgers John Forbes Nash, der im Rahmen seiner spieltheoretischen Forschung nachgewiesen hat, dass das Resultat einer ausschließlichen Konzentration auf die eigenen Vorteile weit unter dem Niveau bleibt, das erreichbar wäre, wenn man kooperiert.

// Nutzen oder Eigennutzen

Das erste, was für eine Verhandlung im Gleichgewicht wichtig ist, ist also die Erkenntnis, dass eine ausschließliche Fokussierung auf den eigenen Vorteil langfristig gesehen nur Nachteile bringt. Wer übervorteilt wurde, wird kein zweites Geschäft mit der Person oder dem Unternehmen machen und zusätzlich auch noch heftig den empfundenen Ärger kolportieren. Wer sich als Mitarbeiter in der Verhandlung schlecht behandelt fühlt, wird im Anschluss versuchen, sich, wenn schon nicht an der Führungskraft, so doch wenigstens am System zu „rächen". Wer übervorteilt wurde, gibt keine Empfehlungen, und wer sich benachteiligt fühlt, versucht sich in weiteren Gesprächen durch eigene unfaire Taktiken etwas zurückzuholen. Die Beziehung zwischen den beiden Verhandlungsparteien verschlechtert sich permanent, bis sie schließlich ganz zerbricht.

Im (inzwischen schon zum Klassiker avancierten) Harvard Negotiations Model wird daher auch ausdrücklich die Qualität der Beziehung zwischen den Verhandlungspartnern betont. Vereinfacht ausgedrückt sagt es: Nicht nur Zahlen, Daten und Fakten sind in einer Verhandlung von entscheidender Bedeutung, die Beziehungsqualität ist genauso wichtig und erfordert genauso viel Aufwand in der Verhandlungsvorbereitung. Das Postulat lautet: Verhandlungen auf rein formaler Ebene sind eigentlich unmöglich, die Qualität der Beziehung wird immer erst durch Menschen gestaltet. Die formalen Verhandlungsansprüche der beiden Gesprächsparteien können erst dann eingelöst werden, wenn die Beziehungsebene dies zulässt. Das bedeutet nicht notwendigerweise eine herzliche Beziehung zu haben, nur belastbar sollte sie sein.

Dass sich nur eine konstruktive Zusammenarbeit zum beiderseitigen Nutzen lohnt, ist natürlich auch der immer stärkeren Verzahnung von Unternehmen geschuldet. In einer Zeit, in der Läger aufgelöst werden, weil die Lieferungen on demand und just in time erfolgt, kann es sich kein Unternehmen mehr leisten, den Zulieferer durch rigorose einseitige Forderungen in den Ruin zu treiben. Fairer Umgang miteinander sichert also das Überleben. Unternehmen, die zusammenarbeiten, fangen an, sich gegenseitig ihre Berater für Arbeitsabläufe „auszuleihen“, um eine noch bessere, reibungslosere Verzahnung der Bereiche zu bewirken. Im Zusammenspiel zwischen Mitarbeitern und Führung führt eine integrative Ausrichtung von Verhandlungen zu einer stärkeren Identifikation der Mitarbeiterinnen und Mitarbeiter mit dem Unternehmen – und damit zu letztlich mehr Engagement und Einsatz.

Tatsächlich geht es um ein Prinzip, dass in der Natur schon immer gilt. Lange Zeit wurde das von Darwin formulierte Prinzip des Survival of the Fittest als ein Survival of the Strongest interpretiert. Also nicht der Geeignetste, sondern der Stärkste überlebt angeblich. Doch immer mehr erkennt man, dass in der Natur genauso wie in der Wirtschaft systemische Abhängigkeiten herrschen, und dass das eigentliche Erfolgsprinzip die Symbiose, die enge Zusammenarbeit ist. Der mächtige Löwe in der Steppe, der König der Tiere als einsames Symbol für die Macht der Stärke, hat ausgedient. Tatsächlich könnte der Löwe ohne die ihn umgebenden Weibchen nur schwer überleben, denn sie bestreiten einen großen Teil der Jagd.

// Die ersten Schritte zu Win-win

Ein erster, einfacher Weg, eine Win-win-Situation herzustellen, ist die Konzentration auch auf den Vorteil, den Gewinn und den Nutzen des Gegenübers. Wer sich fragt, was denn der Verhandlungspartner für Ziele haben könnte, und versucht diese zu berücksichtigen und zu erfüllen, kommt einer gemeinsamen Verbesserung der Ergebnisse sehr schnell näher. Das Resultat einer integrativen, kooperativen Verhandlungsführung sollte eben nicht nur die Summe der beiden Individualvorteile sein, sondern eine weit darüber hinausgehende gemeinsame Parameteroptimierung, eine tatsächliche Manifestation von Synergieeffekten. Eine der wichtigsten Vorgaben des Harvard Negotiation Models ist daher die Frage nicht nur nach dem was, das verhandelt wird, sondern auch nach dem warum es Teil der Verhandlung ist. In der Ver-

Nur eine **integrative Verhandlungsführung** schafft Spielräume für **intelligente Problemlösungen.**

handlung mit dem anderen Unternehmen ist der Wunsch nach einer Rabattierung vielleicht eigentlich nur ein Wunsch nach einem späteren Zahlungsziel. In der Gehaltsverhandlung ist der Wunsch nach einer Beförderung vielleicht viel mehr der Wunsch nach besserer und gerechter Anerkennung der eigenen Leistung.

Integrative Verhandlungen zu führen ist nicht einfach, denn es gibt viel mehr Komponenten zu beachten als nur die Frage: Wie bekomme ich möglichst viel von allem ab? Andererseits rechnet sich der kooperative Verhandlungsstil auf lange Sicht hervorragend. Er führt nicht nur zu zufriedeneren Kunden und Lieferantenbeziehungen, sondern auch im Team zu weniger Stress im Umgang miteinander. Wenn Vorschussvertrauen erwidert wird, verlaufen alle folgenden Verhandlungssituationen entspannter. Nur eine integrative Verhandlungsführung schafft Spielräume für intelligente Problemlösungen. //

+ Anregungen zur Reflexion

Als Chefin oder Chef

Fragen Sie in Verhandlungssituationen mit den Mitarbeitenden nach, bis Sie weitere Hintergründe für den Veränderungswunsch erfahren haben? Oder geben Sie sich mit dem Offensichtlichen zufrieden?

Finden Sie – falls dem Wunsch nicht entsprochen werden kann – sinnvolle Alternativen, die Ihren Mitarbeiter zufriedenstellen? Entwickeln Sie gemeinsam mit Mitarbeiterin oder Mitarbeiter Stufenpläne und Voraussetzung, um gegebenenfalls nach Ablauf von Fristen zu einer Lösung zu kommen?

Als Mitarbeiterin oder Mitarbeiter

Legen Sie sich auf unterschiedliche Ziele in der Verhandlung fest oder gibt es nur ein „So oder gar nicht?“ Überlegen Sie sich im Vorfeld, welche Vorteile Ihre Führungskraft hat, wenn sie Ihrer Bitte entspricht? Bleiben Sie beharrlich und bringen Ihre Wünsche immer wieder in veränderter Form und mit angepassten Modalitäten an?

gleich|zei|tig

Die amüsante Überzeugung, man könne tatsächlich zwei Dinge gleichzeitig tun, hat manchmal gravierende Konsequenzen ...

AUFMERKSAMKEIT • QUALITÄT • ZEIT

Schön wäre es ja: Alles höchst effizient gleichzeitig erledigen. Small Talk mit dem Kunden am Telefon, die Unterschriftenmappe abarbeiten und ein anspruchsvolles Mitarbeitergespräch führen. Vielleicht noch garniert mit der munteren Aufforderung: Erzählen Sie ruhig weiter, ich bin bei Ihnen. Nein, sind wir nicht! Wir sind weder beim Mitarbeiter, noch beim Kunden, noch bei den Unterschriften, noch bei uns oder bei Sinnen. Wir sind in solchen Fällen bestenfalls Simultanten, wie es Karlheinz Geißler formuliert. Warum?

Bei Computern spricht man vom präemptiven Multitasking. Im Gegensatz zum kooperativen Multitasking vergibt das Betriebssystem Prioritäten über die anstehenden Aufgaben und weist diese anschließend dem Prozessor zu. Der kann nämlich, es sei denn es handelt sich um einen Mehrkern-Prozessor, exakt eine und nur eine Aufgabe zur gleichen Zeit bearbeiten. Da sowohl die Abarbeitung als auch die Wechsel im Millisekundenbereich liegen, erscheinen uns diese Prozesse gleichzeitig. Echtes Multitasking, Aufgaben simultan bearbeiten, setzt also mehrere Kerne im Prozessor voraus.

Ähnlich arbeitet die menschliche Aufmerksamkeit. Aufgaben, die ein Mindestmaß an Bewusstsein erfordern, binden unsere gesamte Kapazität. Da wir nur einen „Prozessor“ nutzen können, haben wir nur das Verarbeitungsvermögen für eine bewusste Aktivität. Anders verhält es sich mit Tätigkeiten, die wir habitualisiert haben. Spazierengehen bereitet uns normalerweise keine Schwierigkeiten, und deshalb können wir

Wer glaubt, **alles gleichzeitig tun** zu können, ist bestenfalls ein **Simultant.**

diesen Vorgang ohne Anstrengung mit einem Gespräch kombinieren. Erfordert allerdings der Weg unsere erhöhte Aufmerksamkeit, schalten wir unseren Autopiloten aus und konzentrieren uns entweder auf den Weg oder das Gespräch. Aber eben nicht auf beides. Simultanschach ist nichts anderes, als unter hohem Zeitdruck sequenziell Schach zu spielen. Profispieler sind in der Lage, die permanenten Wechsel mit viel Training leisten zu können, trotzdem erreichen auch Profispieler nicht die gleiche Leistung, als wenn sie ausschließlich mit einem Schachpartner konfrontiert werden.

Unsere moderne Einschätzung, anspruchsvolle Tätigkeiten gleichzeitig erledigen zu können, ist also eine Täuschung. Tatsächlich springen Gedanken und Aufmerksamkeit zwischen einzelnen Aufgaben hin und her. Fachleute, wie der Kognitionspsychologe Ulric Neisser, sprechen in diesem Zusammenhang von „rotierender Aufmerksamkeit". Und die hat immense Folgen.

// Die Fehlerquote nimmt zu

Wir sind in der Lage, eine Vielzahl winziger Details gleichzeitig wahrnehmen zu können, da wir sie nicht alle bewusst verarbeiten müssen (Ausnahmen sind hochsensible Persönlichkeiten). So registriert unser Körper permanent die Temperatur der Umgebung. So lange das Ergebnis dieser sensorischen Erfassung als unkritisch qualifiziert wird, brauchen wir uns damit nicht bewusst zu beschäftigen. Sind wir aber gefordert, aktiv zu handeln oder eine bewusste Entscheidung zu treffen, bleibt für eine zweite Tätigkeit wenig bis gar kein Raum. Untersuchungen belegen deutlich: Wer beim Autofahren telefoniert, unabhängig davon mit welcher Technik, hat ein viermal so hohes Unfallrisiko.

// Die Qualität nimmt ab

Gerade bei Aufgaben, die eine tiefe Durchdringung der Materie voraussetzen, verschlechtern Unterbrechungen die Ergebnisse. Ursache dafür sind unsere mentalen Rüstzeiten. Wenn wir uns bei einer komplexen Aufgabe auch nur kurzzeitig einer anderen Tätigkeit zuwenden, brauchen wir wieder eine gewisse Zeit, um auf den gleichen geistigen Stand zu kommen. Das verlängert nicht nur die Bearbeitungszeit, sondern behindert ein tiefes Verständnis der Problemsituationen. Wir verlieren den Kontext und bleiben an der Oberfläche. Der scheinbare Geschwindigkeitsvorteil ist also ein Trugschluss. „Dabei verwechseln wir Schnelligkeit mit Intelligenz", sagt Ernst Pöppel. „Wer schnell ist, gilt immer auch als schlau."

// Der Zeitaufwand nimmt zu

Es ist schon ein Paradoxon: Eigentlich wollen wir mehr Arbeit in weniger Zeit erledigen und bewirken doch genau das Gegenteil. Es ist wie der zum Scheitern verurteilte Versuch, eine kleine Vase mit 15 bar Wasserdruck zu füllen. Forscher der

Age, quod agis.

*Was du tust,
das tu auch richtig.*

Universität Michigan haben Personen getestet, die zwei Dinge gleichzeitig tun sollten: Einen Bericht schreiben und nebenher ihre E-Mails erledigen. Das Ergebnis: Ausgerechnet die intensiven „Multitasker" brauchten 50 Prozent mehr Zeit als die Vergleichsgruppe, die erst das eine und dann das andere taten. Iring Koch von der RWTH Aachen beschreibt sehr eindrücklich, dass wir nach heftigem „Multitasken" zusätzlich Zeit benötigen, um die häufiger auftretenden Fehler wieder auszubügeln.

// Die Konzentration nimmt ab

Aufmerksamkeit ist der Schlüssel auf dem Weg der Information zum Gedächtnis. Bei geistigen Ablenkungen muss das bisher Bearbeitete sofort wieder gelöscht werden, damit wir uns ganz der neuen Sache zuwenden können. So verblassen Informationen in unserem sensorischen Gedächtnis bereits nach wenigen Zehntelsekunden, wenn wir ihnen keine Beachtung schenken. Damit hat die Erinnerung, die in unserem Arbeitsgedächtnis stattfindet, kaum eine Chance. Die immer kürzer werdenden Aufmerksamkeitsspannen führen zu einer antrainierten Unkonzentriertheit. Die Stanforder Psychologen Nass, Ophir und Wagner beschreiben, dass Studenten, die gewöhnlich besonders viele Medien gleichzeitig nutzen, sich schwertun, die zentralen Informationen gezielt zu filtern und abzuspeichern. Sie sind „mental desorganisierter" und lassen sich zudem schneller ablenken, so die Forscher.

// Der Stress nimmt zu

Auch hohe Belastungen und viele Arbeitsstunden können wir gut bewältigen, wenn wir in dem, was wir tun, erfolgreich sind. Arbeitsmethodisches Zapping führt allerdings im Alltag zu einer Vielzahl zwar angebissener, aber nicht aufgegessener Äpfel mit der Folge, dass wir Unerledigtes mit uns herumschleppen. Wir haben das Gefühl, nichts zu schaffen und fühlen uns überfordert. Die Arbeitszufriedenheit sinkt. Es kommt zu geistiger und anschließend körperlicher Erschöpfung. Burn-out ist weniger eine Frage der Arbeitsquantität, denn der Arbeitsqualität.

// Die Wertschätzung nimmt ab

Die höchste Form der Wertschätzung ist die Investition von Zeit. Zeit, die wir füreinander haben, verbunden mit ungeteilter Aufmerksamkeit ist Ausdruck unseres Interesses am anderen. Das Gespräch zwischen Tür und Angel, das Beschäftigen mit Mails, während zum Beispiel ein Mitarbeiter Sachverhalte präsentiert, die Duldung scheinbar wichtiger Unterbrechungen im Mitarbeitergespräch sind unübersehbare Signale des Desinteresses. Jeder von uns hat ein feines Gespür dafür, ob wir ungeteilte Zuwendung erfahren. Eine Art Wertschätzungs-Insolvenz läge vor, wenn eine Führungskraft (Schuldner) ihren Aufmerksamkeitspflichten gegenüber dem Mitarbeiter (Gläubiger) nicht gerecht wird. Passiert das häufiger, können wir unsere Schulden irgendwann nicht mehr bezahlen: Dies kommt einer sozialen Bankrotterklärung gleich.

Was können wir nun tun? Keiner von uns lebt in einer störungsbefreiten Zone. Wo immer wir hingehen, die Arbeit folgt uns auf unseren tollen hochgerüsteten digitalen Geräten. Vollständiger Rückzug ist daher keine Lösung. Aber zuweilen helfen kleine Schritte. Age, quod agis. („Was du tust, das tu auch richtig.") Schenken Sie sich und anderen wenigstens einmal am Tag ungeteilte Aufmerksamkeit. Sie zeigen damit, was Ihnen wirklich wichtig ist. //

+ Anregungen zur Reflexion

Als Chefin oder Chef

Das, was uns wichtig ist, dafür haben wir Zeit. Zeit zeigt also unsere wahren Prioritäten. Wieviel Zeit verbringen Sie mit Ihren Mitarbeitern? Ungestört, im sogenannten 1:1? Wäre Ihnen das als Mitarbeiter genug?

Als Mitarbeiterin oder Mitarbeiter

Wie lange können Sie im Schnitt unterbrechungsfrei an einer Sache arbeiten? Welche Möglichkeiten bestehen, diese Zeitspanne zu vergrößern? Was müssten Sie tun oder gemeinsam mit den Kolleginnen und Kollegen verbindlich vereinbaren?

DYNAMIK • ERFAHRUNG • AUGENHÖHE

Generation Why

Ob die verschiedenen Generationen im Unternehmen ein Anlass zum Ärger oder zur Freude sind, hängt von der Bereitschaft ab, Unterschiede zu genießen.

Carlo Martens* war 32 Jahre alt. Er hatte seine Ausbildung zum Elektroingenieur mit einem MBA abgerundet und arbeitete seit drei Jahren als Projektleiter für den Einsatz neuer Technologien in einem norddeutschen Energieunternehmen. Er hatte seinen Job mit viel Enthusiasmus angetreten.

Als wir uns trafen, war er jedoch reichlich frustriert. Er war gekommen, um seinen Beitrag zur Erneuerung des Unternehmens zu leisten, erzählte er mit resigniertem Unterton. Er wollte in Zeiten der rasanten Digitalisierung Verantwortung für ein wichtiges Zukunftsfeld übernehmen. Er wollte Neuland betreten, mit anderen einen Prozess gestalten, in dem man Schritt für Schritt lernen würde, neue Technologien zu nutzen – und natürlich Chancen ergreifen, die durch die Nutzung von Big Data entstünden. Man hatte ihn umworben und ihm hervorragende Arbeitsbedingungen in Aussicht gestellt, damit er an Bord kam. Von all dem, was er sich erhofft hatte, war in den drei Jahren wenig eingetreten. Von seinem anfänglichen Enthusiasmus war fast nichts geblieben.

Zwar hatte er noch das Wohlwollen der Unternehmensspitze, die sich mit Blick auf sein Projekt gern für ihre Weitsicht und Innovationskraft feiern ließ. Im Alltag aber rieb er sich an Strukturen und Widerständen auf, die ihm zu viel Kraft raubten, wie er

*Name geändert

fand. Die Bereitschaft der mächtigen Bereichsleiter, ihn zu unterstützen, endete jäh, wenn es um Umverteilung von Ressourcen ging. Die Besprechungskultur des Unternehmens zwang zu großen, ermüdenden Runden, in denen jeder mitreden wollte, weil man aus Prinzip jeden einlud, der sich sonst übergangen fühlen könnte. Überall spürte er die Hemmung, einen Schritt zu gehen, der nicht dem gewohnten Prozedere entsprach.

Das schlimmste aber, so erzählte er, waren jene alten Krieger, die jede seiner Initiativen mit nachsichtigem Lächeln oder blankem Zynismus kommentierten. Sie machten ihm unmissverständlich klar, dass sein Thema aus ihrer Sicht nichts als eine weitere Sau sei, die durchs Dorf getrieben werde, und dass sie nicht im Traum daran dächten, auf ihre letzten Tage noch einen Finger dafür zu rühren. „Viele ältere Kollegen hier leben in dem Bewusstsein, dass sie sich ihr Leben lang krumm gemacht haben, um am Tag ihrer Pensionierung endlich in die Große Freiheit entlassen zu werden", erzählte er uns. „Jahrelang fiebern sie dem Punkt entgegen, an dem sich alles ändern wird für sie. Und wenn er endlich da ist, dann sind sie so gebeutelt von all der Zeit, die sie hier angeblich gegen ihren Willen durchhalten mussten, dass sie an gar nichts mehr Spaß haben. Die sind im Lauf der Jahre völlig verbittert. Ich könnte so nicht leben!"

„Es ist ein Generationenproblem", fügte er hinzu. „Und solange diese Leute hier das Sagen haben, wird das nichts mit neuen Ideen!" Er, der sich selbst der Generation der

Millennials, auch Generation Y genannt, zurechnete, sprach von den Babyboomern und gestand kurz darauf, sich schon nach einer neuen Stelle umgesehen zu haben. Den Millenials sagt man nach, dass sie keine Angst davor haben, neu anzufangen.

Vier Generationen teilen sich aktuell die Arbeitsplätze in unseren Unternehmen, und Carlo Martens ist nicht der einzige, der diese Tatsache als Begrenzung seiner Möglichkeiten empfindet. Um sie unterscheiden zu können, hat man mittlerweile jeder einen Namen verpasst.

// Generationenetikette

Über Jahrtausende haben die Menschen gelebt, ohne den Generationen, denen sie selbst oder ihre Kinder angehörten, eine Bezeichnung zu geben. Im Mittelalter wäre wohl niemand auf den Gedanken verfallen, von einer Generation Kreuzzüge oder der Generation Dreifelderwirtschaft zu sprechen, auch wenn solche Namen aus heutiger Sicht nicht abwegig gewesen wären. Erst im 20. Jahrhundert begann man damit, bestimmten Jahrgängen ein Etikett aufzukleben. Ernest Hemingway widmete sein Buch *The Sun also Rises* (deutsch: Fiesta) der sogenannten Lost Generation. Damit meinte er jene, die im Schatten des Ersten Weltkriegs aufgewachsen waren. Hemingway hatte den Begriff bei seiner Gönnerin Gertrude Stein in Paris aufgeschnappt, die damit Leute bezeichnete, die zu wenig Respekt hätten und zu viel Alkohol tränken. (Ein Vorwurf, den vermutlich jede Generation hört.)

Der amerikanische Kriegsreporter Robert Capa machte in den 1950er-Jahren eine Bildreportage über die Generation, die nach dem Zweiten Weltkrieg aufgewachsen waren und nannte sie Generation X. So kam der Begriff in die Welt – und Douglas Coupland veröffentlichte 1991 einen Roman gleichen Titels, in dem er Jugendliche beschreibt, die in Frieden und Wohlstand aufgewachsen waren, aber nicht am wirtschaftlichen Aufstieg der Generation vor ihnen teilhatten. Der Buchstabe X sollte als Platzhalter andeuten, dass es eben keine Bezeichnung für diese Generation gebe. Ironischerweise wurde er zu ihrem Etikett und damit der erste in einer Reihe von Buchstaben, die heute für verschiedene Generationen stehen und helfen, sie zu unterscheiden. Im Zuge der Benennung ist es üblich geworden, den verschiedenen Generationen bestimmte Vorlieben und Denkweisen zu unterstellen:

Als Babyboomer bezeichnet man Menschen, die zu den Zeiten steigender Geburtenraten nach dem Zweiten Weltkrieg in den vom Krieg betroffenen Staaten geboren wurden. In vielen Versuchen, sie zu charakterisieren, wird betont, dass der Wunsch, erfolgreich zu sein und Karriere zu machen, eine wesentliche Rolle in ihrem Leben spielt. Sie fühlen sich in hierarchischen Organisationen wohl, lieben es, Aufgaben systematisch und strukturiert abzuarbeiten, kultivieren eine gewisse Skepsis gegenüber digitalen Kommunikationsmitteln („Früher gab es keine Smartphones und wir sind auch klargekommen.") und haben erreicht, was sie erreichen konnten. Viele von ihnen stehen aktuell zur Pensionierung an. Nicht ungern, wie *Die Welt* schreibt: „Jeder zweite Babyboomer will schnellstmöglich in

Rente."* Da viele der noch amtierenden Vorstände und Geschäftsführer zwischen 1946 und 1964 geboren sind, wird das unsere Unternehmenslandschaft deutlich verändern.

Die Bezeichnung Generation X bezieht sich auf die den Babyboomern folgende Generation. Sie wird vor allem im anglo-amerikanischen Sprachraum für die Kohorte benutzt, die von den frühen 1960er- bis in die frühen 1980er-Jahre geboren wurde und in einer Welt gesicherten Wohlstands und klarer politischer Feindbilder aufwuchs. Es ist auch die Generation, die als erste von der Popkultur durchdrungen wurde. Man sagt, dass sie sich nicht gänzlich vom Berufsleben vereinnahmen lässt und großen Wert auf individuell angepasste Arbeitsbedingungen und ein angemessenes Privatleben legt. Die Überzeugung, dass die Arbeit nicht das Wichtigste im Leben sein sollte, kann durchaus als Abgrenzung von der Vorgängergeneration verstanden werden.

Die ihr folgende Generation Y gilt als vergleichsweise gut ausgebildet, oft mit Fachhochschul- oder Universitätsabschluss. Sie zeichnet sich durch eine technologieaffine Lebensweise aus, da es sich um die erste Generation handelt, die in einem Umfeld aufgewachsen ist, das von den Möglichkeiten des Internets und vor allem der Sozialen Medien bestimmt wird. Individualität und gekonnte Selbstdarstellung spielen

---

* Jeder zweite Babyboomer will schnellstmöglich in Rente: vgl. Florian Geln, welt.de vom 12.12.2019

eine große Rolle. Dreiviertel dieser Generation haben ihr Profil in Soziale Netzwerke eingestellt. Der Anspruch nach Selbstverwirklichung bezieht sich bei den zwischen 1980 und 1995 geborenen nicht nur auf das Privatleben, sondern, Sie erraten es, auch auf den Beruf. Sie definieren sich über das, was sie tun. Sie sind, wie das Pew Research Center 2010 schrieb: „selbstbewusst, ausdrucksstark, liberal, fröhlich und offen für Veränderungen“. Die Generation Y wird am Ende dieser Dekade etwa 50 Prozent aller Erwerbstätigen stellen.

Die Generation Z, auch Generation der Digital Natives genannt, kennt keine Welt ohne Internet. Mehr noch: Ein Großteil ihrer Welt besteht nur aus dem, was durch digitale Medien vermittelt wird. Dass digitale und analoge Welt einander immer mehr durchdringen, ist für sie demnach selbstverständlich. Wenn die Boomer als TV-Generation bezeichnet werden können, die Generation X als die Computer- und die Generation Y als Web-Generation, so gilt für die Generation Z, dass in ihrer Welt all diese Komponenten von Anfang an präsent waren und untrennbar mit ihrem Leben verbunden sind. Die Gen Z nutzt die neuesten Entwicklungen einer sich digitalisierenden Welt dermaßen selbstverständlich und unbekümmert, dass selbst die Generation vor ihnen nicht immer mithalten kann. Herkömmliche Identitätskämpfe um rechts oder links, schwul oder hetero, hightech oder bio scheinen sie nicht mehr so stark zu betreffen wie ihre Vorfahren. Zwar gehen sie für die Umwelt auf die Straße, aber die eher globale Perspektive, aus der sie auf viele Themen blicken, lässt die Verbissenheit, mit der manche alten Grabenkämpfe geführt wurden, schon mal überholt wirken.

Was kommt nach dem Buchstaben „Z“? Abgesehen von einem Neustart bei Alpha vielleicht die Einsicht, dass man die verschiedenen Generationen zwar mit Etiketten versehen kann, deshalb aber noch nicht weiß, wie ihre Vorzüge und Fähigkeiten im Wettstreit der Generationen sinnvoll zu nutzen sind.

// Die Dynamik des Vorläufigen

Um sich dieser Frage zu nähern, könnte es hilfreich sein, zunächst einen feinen Unterschied zwischen den älteren und jüngeren Mitarbeiterinnen und Mitarbeitern zu beachten. Ältere Generationen in unseren Unternehmen fühlen sich oft verunsichert und frustriert, wenn es ihnen nicht gelingt, aus ihren bisherigen Erfahrungen Rückschlüsse für die Zukunft zu ziehen. Sie haben als erfahrene Manager stets versucht, zum Beispiel vorauszusehen, wie ein Markt sich entwickeln wird oder was ihre Kunden in Zukunft erwarten könnten. Und sie sind gut damit gefahren. Die jüngeren Generationen versuchen das gar nicht erst. Sie suchen viel weniger Planungssicherheit. Sie fahren auf Sicht und finden das okay. Sie wissen, dass es jeden Tag neue Entwicklungen geben kann. Nicht alle, aber sehr viele aus den Generationen Y und Z erleben Veränderungen deswegen weder als Bedrohung noch als Verheißung, sondern als selbstverständliche Komponente ihres Lebens. Sie lassen sich davon nicht einschüchtern. Sie nehmen entstehende Bewegungen auf und gehen mit. Dienstleistungen, wie Airbnb, Uber, Free now, Go-Butler,

Moia, Mozio und andere sie anbieten, werden mit positiven Erwartungen betrachtet und genutzt. Wenn solche Unternehmen mit ihren Produkten nach einer Weile wieder verschwinden – auch gut. Die Begeisterung der Digital Natives ist schnell entfacht, impliziert aber nicht die Erwartung, dass der Gegenstand der Bewunderung für die Ewigkeit geschaffen ist. Mit leuchtenden Augen und blinkenden Emoticons teilen sie das, was sie als „cool" bezeichnen, in ihren Sozialen Netzwerken. Sie machen gern Erfahrungen damit und wenden sich genauso gern neuen Erfahrungen zu.

Die Frage, wie man als erfahrene Führungskraft mit diesen Generationen umgehen sollte, beginnt vielleicht am besten mit einem Blick auf diesen fundamentalen Unterschied. Aus dem bisher Gesagten lässt sich ableiten, dass ihre Art zu arbeiten weniger von der Absicht getrieben ist, ihre Zukunft detailbesessen vorzuplanen, als davon, Möglichkeiten, die sich ergeben, rechtzeitig zu erkennen und zu nutzen. Sie sind im ursprünglichen Sinn des Wortes open minded und brauchen um sich herum eine Atmosphäre, die es ihnen gestattet, das zu sein. Wenn Boomer dafür arbeiten, am Ende ihres Arbeitslebens endlich in die langersehnte Freiheit entlassen zu werden, wollen die Generationen Y und Z Freiheit jetzt und sofort – jeden Tag.

Sie verbinden sich emotional viel weniger mit ihren Arbeitgebern als die Generationen vor ihnen. Da zum Beispiel die Generation Y nur halb so groß ist wie die der

Boomer, hat sie beste Chancen am Arbeitsmarkt.* Vielen aus der Gen Y ist zudem bewusst, dass sie ihren Arbeitsplatz im Laufe ihres beruflichen Wegs mehrfach wechseln werden. Sie suchen weniger eine „Heimat für's Leben“ als günstige Bedingungen für die Ambitionen, die sie aktuell hegen. Führungskräfte, die das missachten und die Erfüllung wichtiger Bedürfnisse in eine ungewisse Zukunft vertagen, verlieren ihre jüngeren Mitarbeiter in der Regel überraschend schnell.

Eine Mentalität, mit der man „die Dynamik des Vorläufigen“ (Frère Roger Schutz, Communauté des Taizé) zu schätzen weiß, bevorzugt auch Arbeitsmethoden, die nicht auf eine starre Planung und fixierte Ziele ausgerichtet sind, sondern lebendige Anpassungsprozesse ermöglichen. Der Hype um agile Arbeitsmethoden wie Design Thinking, Scrum, Feature Driven Development etc. spiegelt im Grunde nur die Sehnsucht, hierarchiefrei, flexibel, ergebnisoffen, aber ergebnisorientiert arbeiten zu können. Mit welcher Methode auch immer. Die Tools der allgegenwärtigen IT-Industrie bieten sich einfach an.

Eine Führungskultur, die für die Generationen Y und Z attraktiv sein soll, muss das traditionelle hierarchische Gebaren hinter sich lassen. Huldvolle Gesten, mit denen sich die Unternehmensleitung von Zeit zu Zeit aus den Höhen ihres getäfelten

---

*Frankfurter Allgemeine Zeitung, 6.9.2017, Nr. 207, S. 15: Spaß ist jungen Menschen wichtiger als beruflicher Erfolg

Olymps herablässt, um ein paar ermunternde Worte an das Bodenpersonal zu richten, wirken nicht nur auf jüngere Kolleginnen und Kollegen wie aus der Zeit gefallen. Anerkennung finden Chefinnen und Chefs, die nicht zu „Berichts-Wesen" degenerieren, sondern sich aktiv in die Mitte des Geschehens stellen. Bedeutung gewinnt, wer selbst gute Vorschläge macht und sich dem offenen Diskurs stellt, nicht, wer seinem schwachen Argument durch die Betonung der höheren Position Gewicht zu verleihen sucht.

Überhaupt werden Anweisungen von oben und überkommene Handlungsmuster durchweg als fragwürdig betrachtet. Im Unterschied zu ihren Vorgängern sehen sich die Angehörigen der Generation Y immer weniger als ausführende Organe ihrer vorgesetzten Führungskräfte. Sie wollen Gesprächspartnerinnen und Gesprächspartner auf Augenhöhe sein. Und sie stellen Fragen. Viele Fragen. Warum ist das so, wie es ist? Warum machen wir das so, wie wir es tun? Warum geschieht etwas nicht, wenn es doch sinnvoll wäre? Die „Generation Why" ist nicht bereit, etwas nur deshalb zu tun, weil jemand anderes es für richtig hält. Als sinnlos empfundene Unterfangen treiben sie in die Flucht.

Viele Vertreter der Generationen Y und Z sind sehr kommunikativ. Sie nutzen gern jede Gelegenheit zum Austausch. Und sie finden es befremdlich, wenn dieser Austausch auf einen formalen Rahmen (Meeting) und fest geplante Zeiten (Jour fixe) beschränkt sein soll. Die Vorstellung, (nur) einmal im Jahr ein sogenanntes Mitarbeitergespräch zu führen, finden sie, unserer Beobachtung nach, geradezu lachhaft.

Feedback sollte ihrer Auffassung nach jederzeit möglich sein und genau dann erfolgen, wenn das irgendjemand aus dem Team für angebracht hält.

Die fortwährende Nutzung digitaler Kommunikationsmöglichkeiten ist für sie selbstverständlich. Das Intranet, interne Soziale Medien, Tools zum vernetzten Arbeiten, Content-Management-Systeme, Tablets für alle usf. sollten aus ihrer Sicht ebenso fester Bestandteil des Alltags sein wie Arbeitsmodi, die eine gute Work-Life-Balance ermöglichen (Homeoffice, freie Arbeitszeitgestaltung, Elternzeiten usw.). Willkommen ist zudem alles, was dazu dient, sich selbst weiterzuentwickeln. Viele sind in Bezug auf dieses Thema sehr ehrgeizig, was man schon daran sehen kann, dass sie kurze Studienzeiten und zahlreiche Zusatzqualifikationen vorweisen können.

// Diskursive Integration

Sofern Sie bis hierher gelesen haben, denken Sie vielleicht: Moment! Bedeuten die bisherigen Ausführungen etwa, dass wir uns und unsere Unternehmen in Zukunft völlig nach den Bedürfnissen der jüngeren Generationen auszurichten haben?

Die Antwort lautet: ja und nein! Ja, wenn es Ihnen wichtig ist, die Zukunftsfähigkeit des Unternehmens dadurch zu sichern, dass Sie für junge Talente attraktiv sind. Wie Sie wissen, kommt man in ein Unternehmen, weil es einen klangvollen Namen hat, einer coolen Branche angehört oder bestimmte Vorteile verspricht (hohes Gehalt, schnelle Karriere usw.). Man verlässt es in der Regel, weil man mit einzelnen Menschen, vor allem Führungskräften, oder der Unternehmenskultur insgesamt nicht zurechtkommt. Für viele veraltete kulturelle Merkmale und ihre abschreckende Wirkung auf junge Menschen gilt also: Bindung durch Überwindung!

Die Antwortet lautet „nein", weil die Jüngeren zwar für die Bewältigung einiger (nicht nur digitaler) Herausforderungen unverzichtbar und für die Zukunft entscheidend sind, aber natürlich nicht den ganzen Reichtum des Unternehmens ausmachen. Die Boomer und die Angehörigen der Generation X repräsentieren einen Erfahrungsschatz, ohne den eine Weiterentwicklung des Unternehmens nur sehr schwer vorstellbar ist. Jeder Change-Prozess beginnt genau dort, wo der letzte Prozess dieser Art das Unternehmen hingeführt hat. Jede neue Technologie trifft auf gewachsene Strukturen und Mentalitäten, die darüber entscheiden, ob und wie es gelingt, sie nutzbar zu machen. Nichts fängt bei null an. Alles ist eine Fortsetzung dessen, „was bisher geschah".

Insofern dürfen alle Generationen im Unternehmen zuversichtlich sein, dass man eine Menge voneinander lernen kann – wenn man dazu bereit ist, den anderen als Träger wertvoller Erfahrungen zu betrachten. Die Vorteile der Vielfalt, die mehrere Generationen in unseren Unternehmen erzeugen (Diversity), sind nur nutzbar, wenn man die jeweils anderen als Potenzialträger sieht und nicht als Aliens. Aliens kommen aus einer fremden Welt. Ihre Absichten sind unklar, was sie sagen klingt unverständlich und deshalb lösen sie Furcht aus. Im besten Fall begegnet man ihnen vorsich-

Die **Vorteile** der Vielfalt sind nur **nutzbar,** wenn man die anderen als **Potenzialträger** sieht und **nicht als Aliens.**

tig-höflich, ergreift aber hinter ihrem Rücken Maßnahmen, um ihren Einfluss zu begrenzen oder wenigstens kontrollieren zu können.

Es ist empfehlenswert, viel dafür zu tun, dass die verschiedenen Generationen im Unternehmen sich intensiv kennenlernen können. Gemischte Teams und übergreifende Projekte sind dafür unverzichtbar. Dabei geht es nicht darum, Unterschiede zu nivellieren, indem man möglichst schnell den kleinsten gemeinsamen Nenner findet. Auch vor Anpassungsleistungen nach dem Motto forever young sei ausdrücklich gewarnt: Der Beweis, dass älteren Menschen die gleichen Turnschuhe passen wie ihnen selbst, ist für jüngere Generationen kein überzeugender Beitrag. Es ist, im Gegenteil, notwendig, existierende Unterschiede zwischen den jeweiligen Gruppen deutlich herauszuarbeiten. Wer sich zusammenraufen will, muss sich erstmal auseinandersetzen. Nur so kann deutlich werden, was die jeweiligen Gruppen anzubieten haben. Erst wenn Unterschiede zur Kenntnis genommen werden und Wertschätzung erfahren, können sie allen zum Vorteil gereichen.

Wie das aussehen könnte, sei abschließend an einem kleinen Beispiel gezeigt. Neil Postman verdanken wir ein Reihe fundamentaler Fragen, von denen er sagt, dass sie in Bezug auf jede neue technologische Entwicklung zu beantworten seien: Was ist das Problem, für das diese Technologie die Lösung bietet?, Wessen Problem ist es?, Welche neuen Probleme können daraus entstehen, dass wir dieses Problem gelöst haben? usw. – Was für eine ertragreiche Diskussion könnte wohl entstehen, wenn solche Fragen vorbehaltlos aus dem jeweiligen Blickwinkel ganz unterschiedlicher Generationen beantwortet würden? Ohne dass einer dem anderen gegenüber recht haben will – nur getragen von der Absicht, zu wichtigen Erkenntnissen und begründbaren Entscheidungen zu gelangen? Wie viele unterschiedliche Perspektiven auf das Thema würden deutlich – und was könnte man alles voneinander lernen?

Ein Unternehmen, dem solch eine diskursive Integration der verschiedenen Generationen gelänge, wäre vielen anderen überlegen. //

+ Anregungen zur Reflexion

Als Chefin oder Chef

Wann haben Sie das letzte Mal etwas von einem jungen Menschen in Ihrem Verantwortungsbereich gelernt? Was war das? Weiß die oder der Betreffende das?

Als Mitarbeiterin oder Mitarbeiter

Wenn Sie älter sind: Was wollen oder könnten Sie als Essenz Ihrer Berufserfahrung an jüngere Kolleginnen und Kollegen weitergeben?
Wenn Sie jung sind: Überlegen Sie, was die älteren Menschen in Ihrem Arbeitsbereich Ihnen voraus haben und was Sie von ihnen gern lernen würden, solange sie noch da sind. Sprechen Sie jeden konkret darauf an. Lassen Sie sich nicht entmutigen, wenn Sie sparsame Reaktionen bekommen. Viele Ältere sind noch niemals so etwas gefragt worden.

Führung braucht Ethik

Vorschlag, wie ein innerer Kompass aussieht,
dem Führungskräfte folgen könnten.

LEITKRITERIEN • BIOPHILIE • DIALOG

Wir leben in einer Zeit voller Herausforderungen. Die Geschwindigkeit von Veränderungsprozessen hat zugenommen. In Technologie und Wirtschaft erleben wir heftige Disruptionen. Neue soziale Bewegungen entstehen, die Folgen globaler Migration erreichen uns. Um uns herum werden Wertediskussionen geführt. Was ist deutsch? Was ist islamisch? Was ist Toleranz? Was ist Integration? Welche Regularien entwickeln wir im sozialen und ökonomischen Bereich? Was sind unsere Leitwerte? Auf welchen Werten sollte unser soziales und wirtschaftliches Handeln basieren? Was ist Nachhaltigkeit?

Mehr denn je brauchen wir einen inneren Kompass, an dem wir uns ausrichten und von dem wir uns führen lassen können. Zwar liegt er nicht abholbereit im nächsten Outdoor-Laden, aber neu erfinden brauchen wir ihn auch nicht.

// Leitkriterien

Folgt man dem deutsch-amerikanischen Philosophen und Psychoanalytiker Erich Fromm, so liegen alle Bauteile für einen solchen Kompass schon bereit. Wir müssen sie uns nur aneignen und ihn, nun ja, zusammensetzen.

Erich Fromm hat, aus der humanistischen Tradition heraus, die Frage: „Wer ist der Mensch?“ ins Zentrum seiner Arbeit gestellt. In seinem Verständnis ist der Mensch – nicht nur in der Tradition Immanuel Kants – ein vernunftbegabtes Wesen, das auf der Suche nach Erklärungen ist für alles, was ihm begegnet, sondern ein Wesen, das Dinge schafft, die weit über die Befriedigung seiner Bedürfnisse hinausreichen. Für Fromm streben wir Menschen nach Glück und Erfüllung. Ohne Werte und Normen können wir aber keine Erfüllung finden. Deshalb gibt es so etwas wie Ethik: das Nachdenken und das Sprechen über die Werte, von denen wir uns leiten lassen. Woran sollen wir uns orientieren?

Als geeignete ethische Grundlage für unser Leben schlägt Erich Fromm das Prinzip der Biophilie vor. Das Wort ist aus altgriechischen Begriffen zusammengesetzt: *bios* bedeutet Leben, *philie* kommt von dem Verb *philein* – und das heißt: lieben.

„**Die Biophilie** ist die leidenschaftliche Liebe zum Leben und allem Lebendigen, sie ist der Wunsch das Wachstum zu fördern, ob es sich um einen Menschen, eine Pflanze, eine Idee oder eine soziale Gruppe handelt. Der biophile Mensch baut lieber etwas Neues auf … . Er will mehr *sein,* statt mehr zu *haben*. Er besitzt die Fähigkeit, sich zu wundern, und erlebt lieber etwas Neues, als dass er das Alte bestätigt findet. Das Abenteuer zu leben, ist ihm lieber als Sicherheit. Er hat mehr das Ganze im Auge als nur die Teile, mehr Strukturierungen als Summierungen. Er möchte formen und durch Liebe, Vernunft und Beispiel seinen Einfluss geltend machen – nicht durch Gewalt und dadurch, dass er die Dinge auseinanderreißt, nicht dadurch, dass er auf bürokratische Weise die Menschen behandelt, als ob es sich um tote Gegenstände handelte." (Erich Fromm, 1977, S. 331)

Erich Fromm hält die biophile Orientierung für den normalen biologischen Impuls des Menschen. Ein jeder von uns ist von Geburt an mit der Fähigkeit zur Biophilie ausgestattet. Seinen Biophilieansatz verstand Fromm als Antwort und Gegenentwurf zu Sigmund Freuds psychoanalytischer Theorie des Dualismus von Lust und Todestrieb (Eros und Thanatos) sowie zur biologisch hergeleiteten Instinktlehre des Verhaltensforschers Konrad Lorenz. Sein Ansatz ist aus seiner Sicht aber kein theoretisch-philosophisches Konstrukt. Fromm leitet ihn empirisch aus seiner praktischen Tätigkeit als Psychoanalytiker ab. In der Phase seines beruflichen Lebens, in der er als Analytiker arbeitete, kam er zu der Erkenntnis, dass uns Menschen eine ethische Grundlage gegeben ist, die im Zusammenhang mit unserer biologischen Existenz steht: „Die biophile Ethik besitzt ihr eigenes Prinzip des Guten und Bösen. Gut ist alles, was dem Leben dient; böse ist alles, was dem Tod dient. Gut ist die Ehrfurcht vor dem Leben, alles, was dem Leben, der Entfaltung förderlich ist. Böse ist alles, was das Leben erstickt, einengt und alles, was es zerstückelt.“ (ebenda)

Die von ihm sogenannte Nekrophilie (Liebe zum Toten) bildet mit der Biophilie keinen natürlichen Dualismus. Sie ist vielmehr die pathologische Version seiner ethischen Ausrichtung. (Sigmund Freud selbst veränderte übrigens sein eigenes Konzept der Triebtheorie bis zu seinem Lebensende aufgrund seiner empirischen Erfahrungen mehrfach. Dass ihn die Erfahrungen des Ersten Weltkriegs und seine Vertreibung aus Österreich durch Nazi-Deutschland dazu brachten, einen Todestrieb in der menschlichen Natur zu postulieren, ist nachvollziehbar.)

Rupert Lay, Jesuitenpater, Philosoph und Unternehmensberater, hat das Konzept eines Biophiliepostulats weiterentwickelt und dabei ausdrücklich auf Erich Fromm Bezug genommen: „Wir verwenden dieses Wort (Biophilie) in Entsprechung zu der Bedeutung, mit der es von Erich Fromm in die philosophisch-psychologische Sprache eingeführt wurde. Biophilie bezeichnet wörtlich die ‚Liebe zum Leben'. Als praktische oder ethische Maxime fordert sie: ‚Handle oder entscheide dich stets so, dass du durch dein Handeln und Entscheiden eigenes und fremdes personales Leben eher mehrst als minderst.' Gemeint sind hier alle Dimensionen des personalen Lebens, das emotionale wie das soziale, das intellektuelle wie das handwerklich praktische, das sittliche wie das religiöse, das kreative wie das bewahrende Leben."

Lays Biophiliepostulat dient insbesondere als Leitkriterium für seinen führungsethischen Ansatz: „Alle Güter und Werte haben sich durch den Aufweis von Realitätsdichte zu legitimieren. Obschon die Realität genau eine ist, bricht sie sich doch in verschiedene Ausdrucksformen. Hierher gehören neben den ethischen auch die politischen oder ökonomischen. Deshalb kann es zu einer Konkurrenz der Güter und Werte kommen. Lösungsversuche setzen dann eine Güter- und Werteabwägung voraus. Diese muss die Realität als Ganzes berücksichtigen – und nicht nur deren politischen oder ökonomischen Aspekte. Dies setzt ein Verfügen über übergeordnete Standards voraus. Diese stellt die Ethik zur Verfügung. So erlaubt sie optimalrealitätsorientiertes, das heißt moralisch und sittlich verantwortetes Handeln."

Führungskräfte müssen sich der **Werte,** die ihr Handeln bestimmen, bewusst werden. Dazu braucht es die Fähigkeit zu **Selbstreflexion und Selbsterkenntnis.**

Während Erich Fromm die biophile Ethik als Orientierungsgrundlage unseres menschlichen Handelns ansieht, hat Rupert Lay begonnen, diese ethische Haltung spezifisch auf wirtschaftliches Handeln anzuwenden. Lay hat explizite ethische Grundsätze für das Management und die Personalentwicklung entworfen. Führungskräfte müssen sich der Werte und der Annahmen, die ihr Handeln bestimmen, bewusst werden. Dazu braucht es die Fähigkeit zu Selbstreflexion und Selbsterkenntnis.

// Kommunikatives Spielen und Staunen

Diese Fähigkeit entsteht nicht in luftleeren Räumen. Sie entsteht durch Kommunikation, also durch den Dialog mit anderen. Selbstreflexion im Sinne von Introspektion, also eines Hineinschauen-in-sich-selbst, kann bestenfalls ein Anfang sein. Auch in einem Spiegel sehen wir uns nur mit unseren eigenen Augen. Wir sehen uns nicht so, wie andere uns sehen. Wir können uns nicht von verschiedenen Seiten betrachten.

Auf dem Kommunikationsmarkt gibt es eine Vielzahl von Tools und Methoden, die es ermöglichen, Erkenntnisse darüber, wie wir uns selbst sehen und wie wir von anderen gesehen werden, zu erlangen. Sie reichen vom 360-Grad-Feedback bis hin zu ausgefuchsten Persönlichkeitstests. Alle diese Methoden haben ihre Berechtigung und ganz unterschiedliche Reichweiten. Sie liefern uns Daten, mit denen wir arbeiten können, Daten, die uns und andere in gewisser Hinsicht vergleichbar machen. Das ist gut. Vergleiche können wach machen und für Dynamik und Bewegung sorgen. Vielleicht umso mehr, als es uns gelingt, mit solchen Daten spielerisch, neugierig umzugehen und sie nicht als Wahrheiten zu betrachten. Wir Menschen sind nicht statisch und statistisch zu begreifen, wir sind bewegliche, entwicklungsfähige, sich verändernde Wesen.

In dem von Erich Fromm beschriebenen Biophilieansatz wird eine unserer Fähigkeiten als besonders wichtig hervorgehoben: die Fähigkeit, uns immer wieder zu wundern und zu staunen. Rupert Lay hat betont, wie wichtig es ist, „mit der Erwachsenenwelt zu spielen". Dabei bezieht er sich durchaus auf das kindliche Rollenspiel des „So-tun-als-ob". Die Fähigkeit zu spielen und zu staunen ermöglicht uns einen Abstand zur sozialen Welt, mit dem wir neue Sichtweisen und damit Erkenntnisse gewinnen können. Um sie zu reflektieren, brauchen wir ein Gegenüber, einen Menschen, mit dem wir in einen Diskurs eintreten können.

In einem beratenden oder therapeutischen Setting nennt man einen solchen Diskurs Supervision. Im wirtschaftlichen Kontext haben wir uns an den Begriff Coaching gewöhnt. Coaching ist ein sehr umfassender Sammelbegriff geworden.

Wenn es in einem Coaching nicht um das Trainieren von Skills und spezifischen Fähigkeiten geht, sondern um die Entwicklung der Persönlichkeit, lässt sich das, worum es geht, am besten mit einer kleinen Geschichte aus dem arabischen Raum darstellen:

Es hatte ein Mann, der unter seinesgleichen als weise galt, drei Söhne. Als er starb, hinterließ er ihnen siebzehn Kamele. Auf seinem Sterbebett hatte er verfügt, dass sein ältester Sohn die Hälfte der Kamele erhalten sollte, sein zweiter ein Drittel der Kamele und sein jüngster Sohn ein Neuntel. Als die Söhne sich nun daran machten, ihr Erbe aufzuteilen, fanden sie, dass das nicht möglich war. Wie immer sie auch rechneten, die Sache ging nicht auf. Je einem von ihnen die Hälfte, ein Drittel und ein Neuntel zuzuteilen, schien nicht machbar. Sie zermarterten sich ihre Hirne, zweifelten an der Weisheit ihres Vaters und schalten ihn einen Narren. Da kam ein alter Beduine auf seinem Kamel des Weges. Er setzte sich zu ihnen, sie erzählten ihm von ihrem Leid. Er besann sich eine Weile und bot ihnen sein Kamel als Geschenk an. Mit diesem weiteren Kamel würde sich der Wunsch des Vaters vielleicht erfüllen lassen. Nach einigem Hin und Her nahmen sie sein Geschenk an und machten sich ans Teilen. Der erste Sohn bekam die Hälfte von den nunmehr 18 Kamelen, also neun, der zweite Sohn ein Drittel, also sechs Kamele, der dritte Sohn bekam ein Neuntel, also zwei Kamele. Zu ihrem Erstaunen blieb ein Kamel über. Der alte Beduine erhielt sein Kamel zurück und machte sich auf seinen Weg.

**// Es ist alles da, was man braucht.
Man muss es nur sehen und nutzen.**

Kommunikation im Sinne eines Diskurses zur Entwicklung einer ethisch begründeten Führungshaltung braucht nicht mehr und nicht weniger, als zutage zu fördern oder herauszuheben, was bereits in uns ist. Indem wir uns einem solchen Dialog stellen, bleiben wir in Bewegung, wir entdecken unsere Fähigkeit zu staunen, wir „spielen“ wieder – und justieren beiläufig unseren inneren Kompass. //

+ Anregungen zur Reflexion

Unabhängig, in welcher Funktion Sie tätig sind

Was ist Ihr Standpunkt zur Idee der Biophilie? Können Sie sich an Situationen erinnern, in denen Sie das 18. Kamel zur Verfügung gestellt haben? Wie war das? Wann haben Sie das letzte Mal im beruflichen Kontext gespielt und gestaunt?

LERNEN • VERHALTENSMUSTER • WILLEN

Üben muss der Meister

Wer sein Verhalten ändern will, muss üben, üben, üben!

Manchmal glaube ich nicht mehr, dass sich Menschen verändern können." In dieser Aussage eines erfahrenen Personalchefs drücken sich über 20 Jahre Berufs- und Leidenserfahrung aus. Da steht man als Kulturberater da und ist perplex. Man spricht gerade über die nächsten Schritte zur Unterstützung der kulturellen Entwicklung und dann kommt eine resignative Bekundung, die alle Interventionen vergeblich erscheinen lässt.

In einem Workshop, an dem überwiegend Ingenieure teilnehmen, ergibt sich ein Konflikt, der mit Unterstützung des anwesenden Coaches bearbeitet wird. In der anschließenden Feedbackrunde meint ein Ingenieur: „Das ist ja wirklich Arbeit! So viel Aufwand, nur um einen Konflikt beizulegen – das ist mir zu anstrengend." Die Sequenz zur Konfliktlösung hat maximal eine halbe Stunde gedauert, bei dem Ingenieur handelt es sich um einen erfahrenen Projektleiter, der keine fachliche Herausforderung scheut.

Ein Chefarzt kommt auf seinem Fußweg zur Klinik jeden Morgen an einem Haus mit einem wunderschönen Garten vorbei. Eines Morgens sieht er die Besitzerin beim Harken und spricht sie an: „Ich wünschte, mein Garten wäre auch so schön wie Ihrer! Sie haben wohl das, was man einen grünen Daumen nennt? Mal ehrlich: Wie kriege ich das auch hin mit dieser Pracht?" Sie antwortet ihm: „Ganz einfach, Herr Doktor, Sie müssen sich bücken!"

Diese drei Beispiele zeigen: Es gibt häufig große Diskrepanzen zwischen dem Anspruch, den wir haben, und der Wirklichkeit, die wir erleben, präziser: zwischen hohen Erwartungen, die wir pflegen, und dem, was ihre Erfüllung verlangt. Was fehlt, sind sicher nicht Informationen oder notwendige Anleitung. Jeder kann sich kundig machen, unter welchen Bedingungen Menschen im Unternehmen bereit sind, neue Wege zu gehen, Konflikte sich produktiv lösen lassen und Pflanzen wachsen und blühen. In Büchern, Seminaren, Videos und Apps wird gezeigt und erläutert, was geht und was nicht. Ich fürchte, was fehlt, ist in vielen Fällen die Form von praktischer Erfahrung, die sich einstellt, wenn man etwas nicht nur durchdenkt, sondern tatsächlich tut.

Trivial? Selbstverständlich! Nur ändert das nichts an der Notwendigkeit, sich dieser Einsicht zu stellen. Das schönste Beispiel dafür, wie Menschen Erfahrungen sammeln, indem sie etwas „einfach tun“, ist für mich der Erwerb des aufrechten Gangs: Halten Sie vor dem Weiterlesen für einen Moment inne und erinnern Sie sich daran, wie Kinder laufen lernen. Schauen Sie, ob Ihnen Bilder oder Sequenzen aus Ihrem eigenen Leben einfallen. Geben Sie sich etwas Raum für diese Erinnerungen … Ich finde es immer wieder faszinierend, diesen Prozess zu sehen, ihn mir zu vergegenwärtigen. Für mich illustriert er, wie Lernen stattfindet und vor allem gelingt. Haben Sie bei Ihren Erinnerungen vor Augen, wie oft Kinder hinfallen, bevor sie laufen können? – Wie kurz die ersten Wege sind? – Wie oft Kinder erst einmal was auch immer als „Geländer“ zum Festhalten benutzen? (Durchaus auch Ungeeignetes, was dann keinen Halt bietet – plumps!) Und dann, wenn diese Phase des Erwerbs vorbei ist, in wie viele Bewegungsformen der aufrechte Gang variiert: laufen, hüpfen, springen … bis uns all das zu einer Selbstverständlichkeit wird?

Was hat das mit Lernen zu tun? Alles! Für mich ist der Erwerb des aufrechten Gangs ein Beispiel für einen gelungenen Veränderungsprozess, der sich sogar auf unsere Haltung auswirkt. Und damit ist nicht nur die äußerliche Haltung gemeint. Erst durch kontinuierliches Üben gelingt es, sich neue Verhaltensmuster anzueignen. Das gilt am Anfang unseres Lebens, aber auch in jeder späteren Phase. Sogar, wenn es um die Implementierung einer neuen Kommunikationskultur oder den Aufbau einer Vertrauenskultur in unserem beruflichen Alltag geht. Selbstverständlich sind unsere Schritte auch in diesen Fällen anfänglich unsicher und ungelenk, und wir greifen hin und wieder zu einem Geländer, das sich als nicht stabil erweist. Selbstverständlich fühlt sich die Entwicklung immer mal wieder zäh an. Doch das gehört zu einem Lernprozess dazu. Man braucht Ausdauer – und dann, dann kommt irgendwann der Moment, in dem die neue Bewegung flüssig und selbstverständlich wird, und das eigene Repertoire sich erweitert.

// Von der Absicht zur Veränderung

Das kennen wir doch alle, oder? Gut! Nein, ganz so leicht ist es nicht. Zwei Voraussetzungen, ja geradezu notwendige Bedingungen müssen erfüllt sein: die klare Willensentscheidung vorher und der gelebte Wille im Lernprozess.

Beim **Üben neuer Verhaltensmuster** zu **stolpern** ist **nicht schlimm,** meist tut es nur dem Ego weh.

Die Willensentscheidung ist dabei häufig die geringere Hürde. Die Entscheidung zur Veränderung eines Unternehmens, einer Kommunikationskultur und die Festlegung von Entwicklungszielen durch das Topmanagement oder einen Führungskreis gelingt in der Regel recht gut. Der Absichtskonsens ist schnell beschworen.

Die Umsetzung, der gelebte Wille im Prozess, ist die größere Hürde. Unser Wille zu einer Veränderung offenbart sich nur zu einem geringen Teil in der Entscheidung für das Ziel, der größere Teil wird im Handeln sichtbar. Das Ziel, eine Vertrauenskultur zu entwickeln, ist das eine. In entsprechenden Situationen zu vertrauen etwas völlig anderes. Da, wo wir üben, wird anfänglich, analog zum Erwerb des aufrechten Gangs, unser Stolpern sichtbar, unsere Unsicherheit, unser Festhalten. Immer noch: Dies gehört dazu und ja, es darf uns auch unangenehm sein. Anders als Kindern beim Lauferwerb fehlen uns allerdings meist die Selbstverständlichkeit und die Unbedarftheit, die es braucht, um ungezwungen lernen zu können. Besonders, wenn wir im Arbeitsalltag, also unter den Augen anderer üben sollen.

Trotzdem möchte ich dem eingangs zitierten Chef widersprechen: Ja, wir können neues Handeln lernen und uns sogar eine neue Haltung zulegen. Ja, wir können uns verändern.

Es braucht die Willensentscheidung, den gelebten Willen, sprich: das Üben. Wenn wir wirklich etwas lernen wollen, schützt uns nichts vor dem Stolpern, das dazugehört. Aber dieses Stolpern ist nicht schlimm. Meist tut es nur dem Ego weh, mehr nicht.* //

+ Anregungen zur Reflexion

Unabhängig, in welcher Funktion Sie tätig sind

Falls Sie die Chance haben, gönnen Sie es sich bitte, Kindern beim Laufen lernen zuzuschauen.

Als Chefin oder Chef

Wann durften Ihre Mitarbeiterinnen und Mitarbeiter Ihnen das letzte Mal beim Üben zuschauen? Wie war das für Sie? Haben Sie mit ihnen über diese Situation kommuniziert?

Als Mitarbeiterin oder Mitarbeiter

Wann haben Sie Ihre Chefin oder Ihren Chef das letzte Mal beim Üben erlebt? Wie war das für Sie? Haben Sie ihr oder ihm ein Feedback gegeben?

---

*Nachtrag: Ein schönes, Mut machendes Beispiel für einen Lernprozess zeigt der Film *The King's Speech* mit Colin Firth.

Antonovsky, Aaron: Salutogenese. Tübingen 1992
Bruch, Heike: Organisationale Energie. Wiesbaden 2008
Buchhorn, Eva: Lastesel der Konzernwelt in: manager magazin vom 08.02.2013
Buber, Martin: Ich und du. Stuttgart 2008
Duden, Redewendungen: Wörterbuch der deutschen Idiomatik. Mannheim/Leipzig/Wien/Zürich 2002
Dueck, Gunter: Platons grotesker Irrtum. Berlin 2010
Fisher, Roger et al.: Das Harvard-Konzept. Frankfurt am Main 2013
Frankl, Viktor: Was nicht in meinen Büchern steht. Weinheim Basel 2009
Fromm, Erich: Anatomie der menschlichen Destruktivität. Zürich 1977
Fromm, Erich: Haben oder Sein. Stuttgart 1976
Geißler, Karlheinz A.: Vom Tempo der Welt. Freiburg 2000
Greenleaf, Robert K.: The Servant as Leader. Neuauflage. The Robert K Greenleaf Center, 1991.
Greenleaf, Robert K.: The Servant as a Leader, South Orange 1973
Gruschka, Andreas: Erziehen heißt verstehen lernen. Stuttgart 2019
Haas Edersheim, Elizabeth: Peter F. Drucker – Alles über Management. München 2007
Hauschka, Ernst R.: Worte, die reden können. München 1988
Hesse, Hermann: Die Morgenlandfahrt, Gesammelte Dichtungen, Bd. 6, Frankfurt 1952
Hemingway, Ernest: The Sun also Rises, „You all are a lost generation.“ New York 1926, 1954
Hölterhoff, Marcel et al.: „Das mittlere Management. Die unsichtbaren Leistungsträger“, Dr. Jürgen Meyer Stiftung, prognos, Berlin 2011
Hüther, Gerald: Bedienungsanleitung für ein menschliches Gehirn. Göttingen, 2006
Isaacson, Walter: Steve Jobs. München 2012
Koch, Iring/Brass Marcel: Task Switching. Göttingen 2013
Kuhn, Harold William et al.: The essential John Nash. Princeton 2002
Kunz, Justus Julius: Langfristiger Unternehmenserfolg durch Vermeidung von Überbeschleunigung. Bamberg 2012
Lay, Rupert: Über die Liebe zum Leben. Hamburg 2017
Lay, Rupert: Weisheit für Unweise, Düsseldorf 1998
Lay, Rupert: Das Bild des Menschen. München 1992
Lay, Rupert: Führen durch das Wort. München 1978
Malabou, Cathérine: Was tun mit unserem Gehirn? Zürich/Berlin 2006
Meckel, Miriam: Das Glück der Unerreichbarkeit. Hamburg 2007
Naisbitt, John: Megatrends Asien. 8 Megatrends, die unsere Welt verändern. Seedorf 1995
Neisser, Ulric: Cognition and Reality. San Francisco 1976

Nida-Rümelin, Julian: Humanismus als Leitkultur. München 2006
Niermeyer, Rainer: Mythos Authentizität. Frankfurt 2008
Pauen, Michael/Welzer, Harald: Autonomie: Eine Verteidigung. Frankfurt 2015
Peterson, Suzanne J. et al.: CEO Servant Leadership: Exploring Executive Characteristics and Firm Performance, Wiley Online Library, 2.8.2012
Pew Research Center, Millenials: Confident. Connected. Open to Change., pewsocialtrends.org, February 24, 2010
Postman, Neil: Die zweite Aufklärung, Berlin 1999
Pferdt, Frederic G.: Interview unter dem Titel „Ja – und?" in: brand eins Thema Innovation, 2016
Pink, Daniel H.: Drive – Was Sie wirklich motiviert. Wals bei Salzburg 2010
Pöppel, Ernst: Grenzen des Bewußtseins: Wie kommen wir zur Zeit, und wie entsteht Wirklichkeit? Leipzig 2000
Reiter, Hanspeter (Hrsg.): Hirnforschung und Weiterbildung. Weinheim Basel 2017
Richo, David: Vertrauen wagen. Oberstdorf 2012
Roth, Gerhard: Fühlen, Denken, Handeln. Frankfurt 2001
Roth, Gerhard: Persönlichkeit, Entscheidung und Verhalten. Stuttgart 2007
Sachs, Susanne: Biophilie als didaktische Orientierungsmetapher für den interdisziplinären Bildungsauftrag in Schule und Hochschule. München 2014
Schutz, Roger: Die Dynamik des Vorläufigen, Freiburg 1962
Sedláček, Tomáš: Die Ökonomie von Gut und Böse. München 2012
Seel, Martin: Theorien. Frankfurt 2009
Snowden, David: Cognitive Edge. Oxford 2015
Singer, Wolf: „Keiner kann anders als er ist". Frankfurter Allgemeine Zeitung vom 08. Januar 2004
Sprenger, Reinhard K.: Radikal führen. Frankfurt 2012
Sprenger, Reinhard K.: Das anständige Unternehmen. Frankfurt 2015
Stacey, Ralph D.: Complexity and Organizational Reality. London 2009
Welter-Enderlin, Rosmarie, Hildebrand, Bruno, Resilienz – Gedeihen trotz widriger Umstände. Carl-Auer Verlag, 4. Aufl. 2012
Werner, Emmy/Smith, Ruth: Vulnerable but Invincible. New York 1989
Werner, Götz, in: Rohrhirsch, Ferdinand: Erfolg. Ethik. Sinn: Faktoren einer nachhaltigen Mitarbeiter- und Unternehmensentwicklung. Karlsruhe 2005
Weizsäcker, Richard von: „40 Jahre Grundgesetz", Rede zum Staatsakt in der Beethovenhalle in Bonn, 24. Mai 1989

© Tanja Bolte

Michael Karl Heidemann weiß als Westfale, der viele prägende Jahre im Ruhrpott und im Rheinland verbracht hat, dass Diversity im eigenen Kopp beginnt – und endet.

Michael Lischka ist zwar erprobter Kampfsportler und selbstbewusster Bayer, aber seit Längerem schon überzeugt, dass die wahre Kraft einer Persönlichkeit in der Fähigkeit sichtbar wird, über sich selbst lachen zu können.

Eugen Unger ist ein waschechter Preuße, der gerade in uneindeutigen Zeiten eindeutige Tugenden schätzt. Zum Beispiel entspannte Zuverlässigkeit, produktiven Ungehorsam und besonnenen Freimut.

Thomas Kleinheinrich ist an der Lübecker Bucht zu Haus und in Münster und in Berlin. Sie treffen ihn dort auf jeden Fall an, es sei denn, er hilft gerade jemandem auf's Pferd.